世纪英才高等职业教育课改系列规划教材（计算机类）

项目引领式 SQL Server 数据库教程

霍红颖　湛邵斌　主　编

U0311020

人民邮电出版社

北 京

图书在版编目（CIP）数据

项目引领式SQL Server数据库教程 / 霍红颖，湛邵斌主编. -- 北京：人民邮电出版社，2011.8
世纪英才高等职业教育课改系列规划教材. 计算机类
ISBN 978-7-115-25711-6

Ⅰ. ①项… Ⅱ. ①霍… ②湛… Ⅲ. ①关系数据库－数据库管理系统，SQL Server－高等职业教育－教材
Ⅳ. ①TP311.138

中国版本图书馆CIP数据核字(2011)第113874号

内 容 提 要

本书以软件工程的思想，阐述了 SQL Server 数据库在软件开发中所处的位置，并以配套的前台软件实际演示 SQL Server 每项工具操作的意义和效果。本书信息量大，涵盖了 SQL Server 数据库软件中的大部分功能，每一个操作步骤后面均附有对应效果图。同时，为了巩固所学知识，在本书最后安排了一个综合实例，有利于数据库的初学者掌握该工具的详细使用方法。

本书实用性、操作性强，可作为高职高专院校计算机、信息管理、电子商务、工商管理、财经等专业的教学用书，也可作为企业从业人员在职培训、社会 IT 人士提高应用技能与技术用书。

世纪英才高等职业教育课改系列规划教材（计算机类）

项目引领式 SQL Server 数据库教程

◆ 主　编　霍红颖　湛邵斌
　　责任编辑　丁金炎
　　执行编辑　郝彩红　严世圣

◆ 人民邮电出版社出版发行　　北京市崇文区夕照寺街 14 号
　　邮编　100061　电子邮件　315@ptpress.com.cn
　　网址　http://www.ptpress.com.cn
　　大厂聚鑫印刷有限责任公司印刷

◆ 开本：787×1092　1/16
　　印张：14.25
　　字数：357 千字　　　　　　　2011 年 8 月第 1 版
　　印数：1－3 000 册　　　　　　2011 年 8 月河北第 1 次印刷

ISBN 978-7-115-25711-6
定价：28.00 元
读者服务热线：(010)67132746　印装质量热线：(010)67129223
反盗版热线：(010)67171154
广告经营许可证：京崇工商广字第 0021 号

数据库系统是对数据进行存储、管理、处理和维护的软件系统，是现代计算环境中的一个核心成分。而在数据库系统中，SQL Server 是必须要提到的，其本身具有的强大功能使得它在各领域中被广泛使用。SQL Server 发展到今天已成为世界上最重要的数据库管理软件之一，对信息学科的高等教育来说，SQL Server 数据库的教学是必不可少的。

可是，多年的软件开发工作让我们对高等教育中数据库的教学方式产生了很大疑问。企业招聘的应届毕业生，对数据库的了解程度令人大跌眼镜。面试时，对数据库的理论、方法测试，包括毕业成绩单上的数字，都证明了眼前的学生对数据库有着一定的了解。但是，分配到开发小组中，他们却不知道怎么样去用这个工具，不清楚数据库与软件开发的有机配合，仅能做些建库、建表的最基本操作。

本书作者根据积累多年的数据库教学经验，对该问题进行了深入的探讨和研究。单纯的数据库讲座，没有办法激发学生学习兴趣，现有的教学方式使开发语言与数据库脱节。不同的科目把软件工程分散成了一个个的小块，独立的传授给学生，缺乏整体性，不能与企业实际应用结合。

出于教育工作者的职业素养，我们一直想对传统的数据库教学方式进行改革，让学生学有所用，不仅仅会使用工具，还要了解什么时候用，怎么用，用了有什么效果。最后，我们决定以宏观的思想去讲这门课，在数据库的教学中配套软件，以软件工程的整体思想，让学生了解 SQL Server 所处的位置。

本教材以"个人理财软件数据库"为载体，以开发数据库的方法为主线，来介绍使用 SQL Server 数据库所需要掌握的主要技能。但是实际编写教材和开发软件过程中，并不如想象中那样顺利。我们要尽可能地把 SQL Server 所有的知识点融入到一个小之又小的理财软件中，同时还要能让学生体会到 SQL Server 每一项工具的使用确实有必要。与企业为了满足应用软件设计完全不同，无论是表结构的设计、软件功能的设计，都要尽可能的简单，知识点的普及要广，适应初学者，而在功能使用上还要能符合常用软件的标准。两者有机配合真的是不容易，从最初 13 个表的设计到最后仅存的几个表，从 10 余项功能模块到最后保留的 6 个，甚至现存表的设计让我们感觉极其不合理。一次次的因为适应教学与适应使用的矛盾，我们讨论得面红耳赤，互不相让。当然，最后还是以现在的方式来教学，原因很简单，软件功能不是主要的，我们的目的是让学生学会知识。

多年来的理想付梓铅字，让我们很是欣慰，也很激动。作为作者，我们将多年的教学经验拿出来分享，以教材的形式呈现给大家。本着严谨的治学态度、活跃的教学思想、渊博的专业知识，一如既往地坚持着严格的标准，不辞辛劳地完成工作的热情，最终顺利完成教材的编写。

由于编者水平有限，书中难免有不妥之处，恳请广大读者不吝批评指正。

编者

目录

Contents

开 篇 导 学

导学一　软件开发

0.1　软件开发规范

1. 软件

软件根据功能的不同，可以分为系统软件和应用软件。系统软件包括操作系统和编译器软件等。系统软件和硬件一起提供一个"平台"，它们管理和优化计算机硬件资源的使用。应用软件种类最多，包括办公软件、电子商务软件、通信软件、行业软件、游戏软件等。常见的中间件包括数据库和万维网服务器等，它们在应用软件和平台之间建立一种桥梁。

2. 软件开发

软件开发是指一个软件项目的开发，如市场调查、需求分析、可性行分析、初步设计、详细设计、形成文档、建立初步模型、编写详细代码、测试修改、发布等。举例如下。

第 1 步，某公司想订做一套人事管理软件，于是找到某从事计算机软件开发的公司。

第 2 步，软件公司派专门的工程师到该公司去了解他们的需求，然后软件公司准备制作方案，其中方案的内容包括：开发出来的软件大概的界面是怎样，方便什么人使用，什么人可以使用什么功能，方便到什么程度，大概的硬件要求是怎样等。

第 3 步，该公司看了方案后，确定他们就是要做一套这样的软件，于是软件公司就开始开发这套软件。

第 4 步，软件公司把开发出来的软件交付使用，在使用的过程中哪里使用不方便或哪里达不到要求，还要做出修改，直至达到该公司所有使用要求。

软件设计思路和方法的一般过程包括：设计软件的功能和实现的算法和方法，软件的总体结构设计和模块设计，编程和调试，程序联调和测试，以及编写、提交程序。

（1）相关系统分析员和用户初步了解需求，然后用 Word 列出要开发的系统的大功能模块，每个大功能模块有哪些小功能模块，也可以初步定义好少量的界面。

（2）系统分析员深入了解和分析需求，根据自己的经验和需求用 Word 或相关的工具再做出一份系统的功能需求文档。这次的文档会清楚列出系统大致的大功能模块，大功能模块有哪些小功能模块，并且还列出相关的界面和功能。

（3）系统分析员和用户再次确认需求。

（4）系统分析员根据确认的需求文档，用迭代的方式对每个界面或功能做系统的概要设计。

（5）系统分析员把写好的概要设计文档给程序员，程序员根据所列出的功能一个一个地进行编写。

（6）测试编写好的系统，交给用户使用，用户使用后确认每个模块功能，然后验收。

注：考虑到本书的教学内容，我们仅以包含数据库的软件为例。

3．软件开发规范流程

完整的软件开发过程包括以下几个阶段，而不只是单独针对前台界面设计或后台数据库的设计与实现。软件开发规范流程如图0.1所示。

（1）需求分析阶段

软件需求分析就是回答做什么的问题。它是一个对用户的需求进行去粗取精、去伪存真、正确理解，然后把它用软件工程开发语言表达出来的过程，包括数据需求分析、系统功能需求分析、系统性能需求分析等。

在数据需求分析中，首先收集用户需要对哪些数据进行处理，处理的数据有哪些基本元素，用户从数据库中获取的信息的内容和性质，数据库需要存储哪些数据。用户的需求具体体现在各种信息的提供、保存、更新和查询上，这就要求数据库结构能充分满足各种信息的输入和输出。收集基本数据、数据结构和数据处理的流程，组成一份详尽的数据字典，为后面的具体设计打下基础。在此阶段需要画出数据流程图。

系统的功能需求，需要划分出系统必须完成的所有功能，并画出功能结构总图。

系统性能要求包括：用户操作直观、方便，界面友好，系统功能齐全、可靠，更快、更稳定地执行速度，便于维护和修改。

（2）数据库设计阶段

数据库的设计在系统设计当中是一个非常重要的环节，很多人忽略了它应有的重要性，把数据库设计等同于创建业务所需要的所有对象。对于数据库的设计，除了一些必需的对象创建之外，还要更多地考虑在整个系统运行的生命周期中，按照系统的实际情况及可能的变化做一些前瞻性的设计，以基本满足系统生命周期里的各方面需求，不至于发生大的修改或升级。

数据库设计在系统开发中占有非常重要的地位，数据库设计的好坏将直接影响到应用系统的效率以及实现的效果。合理的数据库结构可以提高数据存储的效率，保证数据的完整性和一致性，同时也有利于程序的实现。

① 在数据需求分析的基础上，进行数据库概念结构设计，设计出能够满足用户需求的各种实体，以及它们之间的关系，为后面的逻辑结构设计打下基础。在此阶段需画出系统的实体联系图（E-R图），说明实体间的关系及其属性。

② 接着进行数据库逻辑结构设计，将数据库概念结构设计中形成的 E-R 图转化为DBMS（数据库管理系统）所支持的实际数据模型，如关系模型。在实体及实体之间关系的基础上，形成数据库中的表及各个表之间的关系。并根据实体的属性确定出字段名及字段类型、宽度、小数点位数等。

③ 数据库物理结构设计主要指数据库在物理设备上的存取结构和存取方法的设计。通常包括两步：一是确定数据库的物理结构，在关系数据库中主要指存取方法和存储结构，如设计关系数据库的索引等；二是评价物理结构的时间和空间效率，根据数据库存取时间、存储空间的效率和维护的代价，综合考虑数据库物理结构设计是否合理。

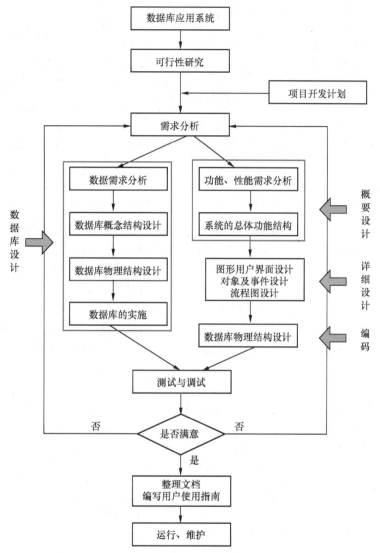

图 0.1 软件开发规范流程

（3）概要设计阶段

从总体上来说，概要设计是指系统应该如何实现。它主要由两个阶段组成：一是确定系统具体实施方案，系统分析员从可能的各种方案中选择最佳的实施方案；二是确定软件的结构，将整个软件进行模块化设计，描述模块间的调用关系，画出系统的整体流程图和结构总图。本阶段还要完成相应的文档，如系统说明书、测试计划、详细的实现计划等。

（4）详细设计阶段

详细设计阶段主要目标是确定应该怎样具体的实现所要求的系统，设计出程序的框架，而不是编写具体的程序。本阶段的主要结果是程序流程图和人机交互界面。

从需求分析到概要设计到完成详细设计说明书，一个软件项目就应当说完成了一半了。换言之，一个大型软件系统在完成了一半的时候，其实还没有开始一行代码工作。那些把做软件的程序员简单理解为写代码的，就从根本上犯了错误。

（5）编码阶段

软件设计的质量主要取决程序的质量。因此，要选取一种生命力强、功能强大的程序设计语言，按照功能要求和程序流程图编写程序。

软件编码是指把软件设计转换成计算机可以接受的程序，即写成以某一程序设计语言表示的"源程序清单"。在规范化的研发流程中，编码工作在整个项目流程里最多不会超过1/2（通常在 1/3）的时间。所谓磨刀不误砍柴功，设计过程完成得好，编码效率就会极大提高。编码时不同模块之间的进度协调和协作是最需要小心的，也许一个小模块的问题就可能影响了整体进度，让很多程序员因此停下工作等待，这种问题在很多研发过程中都出现过。

（6）测试阶段

软件测试的目的是以较小的代价发现尽可能多的错误。要实现这个目标的关键在于设计一套出色的测试用例。如何才能设计出一套出色的测试用例，关键在于理解测试方法。不同的测试方法有不同的测试用例设计方法。测试有很多种：按照测试执行方，可以分为内部测试和外部测试；按照测试范围，可以分为模块测试和整体联调；按照测试条件，可以分为正常操作情况测试和异常操作情况测试；按照测试的输入范围，可以分为全覆盖测试和抽样测试。总之，测试同样是项目研发中一个相当重要的步骤。对于一个大型软件，3 个月到 1 年的外部测试都是正常的，因为永远都会有不可预料的问题存在。完成测试后，验收并完成最后的一些帮助文档，整体项目才算告一段落，当然日后少不了升级、修补等工作，直到这个软件被彻底淘汰为止。

（7）维护阶段

维护是指在已完成对软件的研制（分析、设计、编码和测试）工作并交付使用以后，对软件产品所进行的一些软件工程的活动。即根据软件运行的情况，对软件进行适当修改，以适应新的要求，以及纠正运行中发现的错误，编写软件问题报告、软件修改报告。

一个中等规模的软件，如果研制阶段需要 1～2 年的时间，在它投入使用以后，其运行或工作时间可能持续 5～10 年，那么它的维护阶段也是运行的这 5～10 年期间。在这段时间，人们几乎需要着手解决研制阶段所遇到的各种问题，同时还要解决某些维护工作本身特有的问题。做好软件维护工作，不仅能排除障碍，使软件能正常工作，而且还可以使它扩展功能、提高性能，为用户带来明显的经济效益。然而遗憾的是，人们对软件维护工作的重视往往远不如对软件研制工作的重视。

一个完整的数据库应用系统是不可能一蹴而就的，而是上述过程的不断重复，后面的设计要用到前面设计的结果，前面的设计是后面设计的前提和基础，在进入下一阶段前一般都有一步或几步的回溯。在设计阶段要全面考虑，充分调研，尽早发现问题尽早解决。

0.2 数据库的必要性

1. 数据库

人们从不同的角度对数据库具有不同的理解。例如，称数据库是一个"记录保存系统"，强调了数据库是若干记录的集合；又如称数据库是"人们为解决特定的任务，以一定的组织方式存储在一起的相关的数据集合"，强调了数据的组织；还有称数据库是一个"数据仓库"，当然，这种说法虽然形象，但并不严谨。网站或者应用程序都需要很大的数据量，就要存放在数据库中，将一组经过计算机整理后的数据，存储在一个或多个文件中，实时的对数据库中的数据进行读取或者操作（插入、删除）。数据库的出现极大地扩展了人类社会的信息存储效率。例如，数据库存放了 1 000 个学生的信息，按条件要提取 500 个学生的信息（未交完学费），利用数据库强大的数据存取与数据操作能力，可以使之轻松实现。

严格地说，数据库是"按照数据结构来组织、存储和管理数据的仓库"。例如，企业或事业单位的人事部门常常要把本单位职工的基本情况（职工号、姓名、年龄、性别、籍贯、工资、简历等）存放在表中，这张表就可以看成是一个数据库。有了这个"数据仓库"，单位就可以根据需要随时查询某职工的基本情况，也可以查询工资在某个范围内的职工人数等。这些工作如果都能在计算机上自动进行，那人事管理就可以达到极高的水平。此外，在财务管理、仓库管理、生产管理中也需要建立众多的这种数据库，实现财务、仓库、生产的自动化管理。

2．数据库的应用

数据库在我国正得到越来越广泛的应用。每天，各个公司内部流动的各种数据都是相当多的。例如，超过 100 人的公司，要将所有员工的信息集合起来，那就是一堆庞大的数据。公司主管想了解工龄在 5 年以上的员工有多少，那么，一个一个查档案，耗费时间很长。如果有数据库，就只需要输入几个命令，所有的几十个相同条件下的员工数据就全部出来了。在传统的 C/S 架构、B/S 架构的软件开发中，数据库都有着广泛的应用。

（1）基于 C/S 的系统开发

服务器（Server）指一个管理资源并为用户提供服务的计算机软件及运行软件的计算机或计算机系统。而对那些驻留在远程机器上的软件，它们需要与服务器通信，取回信息，进行适当的处理，然后在远程机器上显示出来，这些就叫做客户机（Client）。客户机和服务器就像网吧收银台的主机和网吧里用户的机器一样。现在的数据库开发中，客户机/服务器模式比较常见。客户机/服务器模式可溯源到大型机系统。在大型机系统中，所有的过程和数据都存储在通常很昂贵的主机上。所有的计算处理都在主机上进行，只把最终结果发送回客户机。当计算机开始普及，价格也越来越低的时候，人们就发现可以让主机上的一些计算处理过程在客户机上完成，从而节省一大笔费用。这就是客户机/服务器的由来。

20 世纪 90 年代以来，客户机/服务器模式已成为越来越广泛使用的一种新型计算机应用模式。在客户机/服务器计算模式下，一个或多个客户机和一个或若干个服务器，以及下层的操作系统进程间通信系统，共同组成一个支持分布计算、分析和表示的系统。它把功能强大的具有本机处理能力的 Client（客户机）与易于访问的高性能的 Server（服务器）相连接，从而把方便灵活的 PC 工作站和高性能的服务器上的 DBMS 两者之长结合起来。客户机/服务器系统的基本思想是在一个统一的地方集中存放信息资源。经过修改的数据在其他人或机器提出请求时即可投递给对方。

在 C/S 架构中，数据的存储管理功能较为透明。在数据库应用中，数据的存储管理功能，是由服务器程序和客户应用程序分别独立进行的。对于前台应用可以违反的规则，例如访问者的权限、编号可以重复，必须有客户才能建立订单这样的规则，这些工作在前台程序上的最终用户是"透明"的，他们无须过问（通常也无法干涉）背后的过程，就可以完成自己的一切工作。在客户机/服务器架构的应用中，前台程序不是非常"瘦小"，麻烦的事情都交给了服务器和网络。在 C/S 体系的下，数据库不能真正成为公共、专业化的仓库，它受到独立的专门管理。

（2）基于 B/S 的网站开发

数据库在网站建设中的地位同样非常重要。整个网站的数据都存放在里面，其中还包括一些不能完全公开的数据，在设计它的时候，一定要小心，要注意。数据库包含关系数据库、面向对象数据库及新兴的 XML 数据库等，目前应用最广泛的是关系数据库。数据库管理员（DBA）完成相应的数据库管理的工作，主要有：数据库的建立、数据库的调整、数据库的重组、数据库的重构、数据库的安全控制、数据的完整性控制和对用户提供技术支持。以 SQL Server 数据库为服务器端的 B/S 模式和 C/S 模式如图 0.2 所示。

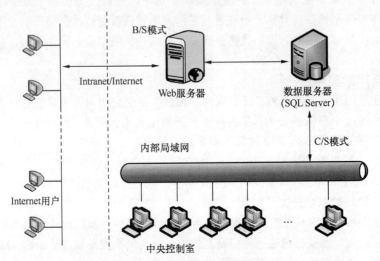

图 0.2　以 SQL Server 数据库为服务器端的 B/S 模式和 C/S 模式

3．数据库的作用

使用数据库可以带来许多好处，如减少数据的冗余度，从而大大地节省数据的存储空间，实现数据资源的充分共享等。此外，数据库技术还为用户提供了非常简便的使用手段，使用户易于编写有关数据库应用程序。数据库的主要功能是组织和管理很庞大或复杂的信息和基于 WEB 的库存查询请求，它不仅仅为客户提供信息，而且还可以为自己使用数据库提供如下功能。

① 减少记录编档的时间。

② 减小记录检索时间。

③ 灵活地查找序列。

④ 灵活的输出格式。

⑤ 多个用户同时访问记录。

4．概括总结

现在的数据库以关系数据库为主流。各大数据库也在开发面向对象的关系型数据库，把高级程序设计语言和数据库实现无缝连接，以发挥各自的优点。数据库作为系统中的基础设施，长期为整个软件系统服务，其中的数据可能要保存 3～5 年或者更长。

数据库应用系统具有良好的移植性，能够运用于不同的操作平台，能实现与前台不同的编程语言进行系统开发。现在一般的系统，像 OA、ERP 之类管理系统都需要有数据库。数据库有很多种类型，从最简单的存储有各种数据的表格到能够进行海量数据存储的大型数据库系统都在各个方面得到了广泛的应用，而 SQL Server 是当前主流的数据库。基于长期的市场调研，MIS、OA、ERP、CRM、系统集成、物流、进销存、电子政务、网站建设等数据库系统，成为软件工程师需求最大的业务领域，因此对于数据库开发人员、管理人员和维护人员具有强大的市场需求，熟练掌握 SQL Server 数据库开发工具是胜任这些岗位的前提和基础。

0.3 SQL Server 数据库

在深入了解 SQL Server 如何运行以前，理解 SQL Server 是什么十分重要。首先也是最重要的是，SQL Server 不是一个数据库，它是一个关系型数据库管理系统，或者简称 RDBMS。尽管听起来有些混淆不清，但它确实不是数据库。SQL Server 和任何其他 RDBMS 一样，都是一个用来建立数据库的引擎。这有点像 Microsoft 的 Word。Word 不是一个文档，而是一个建立并管理文档的工具。SQL Server 是一个作为服务运行的 Windows 应用程序。这就是说，它要运行在 Windows 环境下，并且启动后需要极少的用户交互。SQL Server 提供了用于建立用户连接、提供数据安全性和查询请求服务的全部功能。用户所要做的是建立一个数据库和与之交互的应用程序，不用为背后的过程担心。

0.3.1 SQL Server 数据库概述

SQL Server 是一个关系型数据库管理系统。它最初是由 Microsoft、Sybase 和 Ashton-Tate 3 家公司共同开发的。在 Windows NT 推出后，Microsoft 将 SQL Server 移植到 Windows NT 系统上，专注开发 SQL Server 的 Windows NT 版本；Sybase 则较专注于 SQL Server 在 UNIX 操作系统上的应用。

SQL Server 2000 是 Microsoft 公司推出的 SQL Server 数据库管理系统的经典版本。该版本继承了 SQL Server 7.0 版本的优点，同时又增加了许多更先进的功能，具有使用方便、可伸缩性好、与相关软件集成程度高等优点。SQL Server 2000 是 Microsoft 公司推出的新一代大型关系数据库管理系统。它功能强大、操作简便，广泛应用于数据库后台系统。SQL Server 2000 代表着下一代 Microsoft.NET Enterprise Servers（企业分布式服务器）数据库的发展趋势。它在电子商务、数据仓库和数据库解决方案等应用中起着重要的核心作用。

1. 数据管理技术的发展

数据管理具体就是指人们对数据进行收集、组织、存储、加工、传播和利用的一系列活动的总和。数据管理技术经历了人工管理、文件管理、数据库管理 3 个阶段，每一个阶段的发展以数据存储冗余不断减少、数据独立性不断增强、数据操作更加方便和简单为标志，各有各的特点。下面简单描述数据管理的 3 个阶段。

（1）人工管理阶段

在人工管理阶段（20 世纪 50 年代中期以前），计算机主要用于科学计算。外部存储器只有磁带、卡片和纸带等，还没有磁盘等直接存取存储设备。只有汇编语言，尚无数据管理方面的软件。数据处理方式基本是批处理，如图 0.3 所示。这个阶段有如下几个特点。

① 计算机系统不提供对用户数据的管理功能。用户编制程序时，必须全面考虑好相关的数据，包括数据的定义、存储结构及存取方法等。程序和数据是一个不可分割的整体。数

据脱离了程序就无任何存在的价值，数据无独立性。

② 数据不能共享。不同的程序均有各自的数据，这些数据对不同的程序通常是不相同的，不可共享；即使不同的程序使用了相同的一组数据，这些数据也不能共享，程序中仍然需要各自加入这组数据，谁也不能省略。基于这种数据的不可共享性，必然导致程序与程序之间存在大量的重复数据，浪费了存储空间。

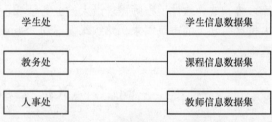

图 0.3　人工管理数据示意图

③ 不单独保存数据。基于数据与程序是一个整体，数据只为本程序所使用，数据只有与相应的程序一起保存才有价值，否则就毫无用处。所以，所有程序的数据均不单独保存。

（2）文件系统阶段

在文件系统阶段（20 世纪 50 年代后期至 20 世纪 60 年代中期），计算机不仅用于科学计算，还用于信息管理方面。随着数据量的增加，数据的存储、检索和维护问题成为紧迫的需要，数据结构和数据管理技术迅速发展起来。此时，外部存储器已有磁盘、磁鼓等直接存取的存储设备。软件领域出现了操作系统和高级软件。操作系统中的文件系统是专门管理外存的数据管理软件，文件是操作系统管理的重要资源之一。数据处理方式有批处理，也有联机实时处理，如图 0.4 所示。这个阶段有如下几个特点。

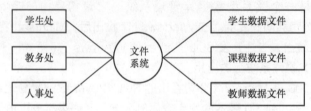

图 0.4　文件系统管理数据示意图

① 数据以"文件"形式可长期保存在外部存储器的磁盘上。由于计算机的应用转向信息管理，因此对文件要进行大量的查询、修改和插入等操作。

② 数据的逻辑结构与物理结构有了区别，但比较简单。程序与数据之间具有"设备独立性"，即程序只需用文件名就可与数据打交道，不必关心数据的物理位置。由操作系统的文件系统提供存取方法（读/写）。

③ 文件组织已多样化，有索引文件、链接文件和直接存取文件等。但文件之间相互独立、缺乏联系。数据之间的联系要通过程序去构造。

④ 数据不再属于某个特定的程序，可以重复使用，即数据面向应用。但是文件结构的设计仍然是基于特定的用途，程序基于特定的物理结构和存取方法，因此程序与数据结构之间的依赖关系并未根本改变。

⑤ 对数据的操作以记录为单位。这是由于文件中只存储数据，不存储文件记录的结构描述信息。文件的建立、存取、查询、插入、删除、修改等所有操作，都要用程序来实现。

随着数据管理规模的扩大，数据量急剧增加，文件系统显露出一些缺陷。

① 数据冗余。由于文件之间缺乏联系，造成每个应用程序都有对应的文件，有可能同样的数据在多个文件中重复存储。

② 不一致性。这往往是由于数据冗余造成的，在进行更新操作时，稍不谨慎，就可能使同样的数据在不同的文件中不一样。

③ 数据联系弱。这是由于文件之间相互独立、缺乏联系造成的。

文件系统阶段是数据管理技术发展中的一个重要阶段。在这一阶段中，得到充分发展的数据结构和算法丰富了计算机科学，为数据管理技术的进一步发展打下了基础，现在仍是计算机软件科学的重要基础。

（3）数据库系统阶段

这一阶段（20 世纪 60 年代后期），数据管理技术进入数据库系统阶段。数据库系统克服了文件系统的缺陷，提供了对数据更高级、更有效的管理。这个阶段的程序和数据的联系通过数据库管理系统来实现（DBMS），如图 0.5 所示。图 0.6 所示为数据库数据管理示意图，表 0.1 所示为 3 个阶段数据管理技术的特点比较。

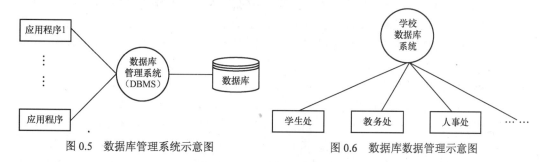

图 0.5　数据库管理系统示意图　　　　　图 0.6　数据库数据管理示意图

表 0.1　　　　　　　　　　　　　　　3 个阶段数据管理技术的特点比较

	人 工 管 理	文 件 管 理	数据库管理
数据的管理者	用户（程序员）	文件系统	数据库系统
数据的针对者	特定应用程序	面向某一应用	面向整体应用
数据的共享性	无共享	共享差，冗余差	共享好，冗余小
数据的独立性	无独立性	独立性差	独立性好
数据的结构化	无结构	记录有结构，整体无结构	整体结构化

概括起来，数据库系统阶段的数据管理具有以下特点。

① 采用数据模型表示复杂的数据结构。数据模型不仅描述数据本身的特征，还要描述数据之间的联系，这种联系通过存取路径实现。通过所有存取路径表示自然的数据联系是数据库与传统文件的根本区别。这样，数据不再面向特定的某个或多个应用，而是面向整个应用系统。数据冗余明显减少，实现了数据共享。

② 有较高的数据独立性。数据的逻辑结构与物理结构之间的差别可以很大。用户以简单的逻辑结构操作数据而无须考虑数据的物理结构。数据库的结构分成用户的局部逻辑结构、数据库的整体逻辑结构和物理结构 3 级。用户（应用程序或终端用户）的数据和外存中的数据之间转换由数据库管理系统实现。

③ 数据库系统为用户提供了方便的用户接口。用户可以使用查询语言或终端命令操作数据库，也可以用程序方式（如用 C#一类高级语言和数据库语言联合编制的程序）操作数据库。

④ 数据库系统提供了数据控制功能。例如：数据库的并发控制，对程序的并发操作加以控制，防止数据库被破坏，杜绝提供给用户不正确的数据；数据库的恢复，在数据库被破

坏或数据不可靠时，系统有能力把数据库恢复到最近某个正确状态；数据完整性，保证数据库中数据始终是正确的；数据安全性，保证数据的安全，防止数据的丢失、破坏。

⑤ 增加了系统的灵活性。对数据的操作不一定以记录为单位，可以以数据项为单位。

2. 数据库的基本概念

（1）信息与数据

信息（Information）是客观事物属性的反映，是经过加工处理并对人类客观行为产生影响的数据表现形式。信息是人们在进行社会活动、经济活动及生产活动时的产物，并用于参与指导其活动过程。信息是有价值的，是可以被感知的。信息可以通过载体传递，可以通过信息处理工具进行存储、加工、传播、再生和增值。在信息社会中，信息可与物质或能量相提并论，它是一种重要的资源。

数据（Data）是反映客观事物属性的记录，是信息的具体表现形式。数据表现信息的形式是多种多样的，不仅有数字、文字符号，还可以有图形、图像和声音等。同一信息可以用不同类型数据记录，信息也不会随着数据类型的不同而改变其内容和价值。从计算机的角度看，数据泛指那些可以被计算机接受并能够被计算机处理的符号，是数据库中存储的基本对象。

用数据符号表示信息，有以下几种表现形式：

① 对客观事物进行定量记录的符号，如数量、年龄、毕业年限和成绩等；

② 对客观事物进行定性记录的符号，如性格、品质、姓名、单位和地址等；

③ 对客观事物进行形象特征和过程记录的符号，如声音、视频和图像等。

任何事物的属性都是通过数据来表示的。数据经过加工处理之后，成为信息。而信息必须通过数据才能传播，才能对人类有影响。例如：1、3、5、7、9、11、13、15，它是一组数据，如果我们对它进行分析便可以得出它是一组等差数列，也可以比较容易地知道后面的数字，那么它便是一条信息，它是有用的数据；而 1、3、2、4、5、1、41，它不能告诉我们任何东西，故它不是信息。总之，信息是有用的数据，数据是信息的表现形式。信息通过数据符号来传播，数据如不具有知识性和有用性，则不能称为信息，也就没有输入计算机或数据库中进行处理的意义。

（2）数据库

数据库是存储在一起的相关数据的集合。这些数据是结构化的，无不必要的冗余，并为多种应用服务；数据的存储独立于使用它的程序；对数据库插入新数据，修改和检索原有数据均能按一种公用的和可控制的方式进行。当某个系统中存在结构上完全分开的若干个数据库时，则该系统包含一个"数据库集合"。

我们可以把数据库形象地说成是存储数据的"仓库"。以图书馆为例，图书馆是存储图书和负责向外借阅图书的部门，书库是各类图书的集合，图书比作数据，书库比作数据库。

（3）数据库管理

数据库管理（Database Manager）是有关建立、存储、修改和存取数据库中信息的技术，是指为保证数据库系统的正常运行和服务质量，有关人员须进行的技术管理工作。负责这些技术管理工作的个人或集体称为数据库管理员（DBA）。数据库管理的主要内容有：数据库的建立、数据库的调整、数据库的重组、数据库的重构、数据库的安全控制、数据的完整性控制和对用户提供技术支持。

（4）数据库管理系统

图书管理员在查找一本书时，首先要通过目录检索到那本书的分类号和书号，然后在书库找到那一类书的书架，并在那个书架上按照书号的大小次序查找，这样很快就能找到所需要的书。数据库里的数据像图书馆里的图书一样，也要让人能够很方便地找到才行。如果所有的书都不按规则，胡乱堆在各个书架上，那么借书的人根本就没有办法找到他们想要的书。同样的道理，如果把很多数据胡乱地堆放在一起，让人无法查找，这种数据集合也不能称为"数据库"。数据库的管理系统就是从图书馆的管理方法改进而来的。人们将越来越多的资料存入计算机中，并通过一些编制好的计算机程序对这些资料进行管理，这些程序后来就被称为"数据库管理系统"，它们可以帮人们管理输入到计算机中的大量数据，就像图书馆的管理员。

（5）数据库系统

数据库系统的个体含义是指一个具体的数据库管理系统软件和用它建立起来的数据库。它的学科含义是指研究、开发、建立、维护和应用数据库系统所涉及的理论、方法、技术所构成的学科。在这一含义下，数据库系统是软件研究领域的一个重要分支，常被称为数据库领域。

数据库系统是由数据库及其管理软件组成的系统。数据库系统是为适应数据处理的需要而发展起来的一种较为理想的数据处理的核心机构。计算机的高速处理能力和大容量存储器提供了实现数据管理自动化的条件。数据库系统一般由 4 个部分组成。

① 数据库，即存储在磁带、磁盘、光盘或其他外存介质上、按一定结构组织在一起的相关数据的集合。

② 数据库管理系统（DBMS）。它是一组能完成描述、管理、维护数据库的程序系统。它按照一种公用的和可控制的方法完成插入新数据、修改和检索原有数据的操作。

③ 数据库管理员（DBA）。

④ 用户和应用程序。

对数据库系统的基本要求如下。

① 能够保证数据的独立性。数据和程序相互独立有利于加快软件开发速度，节省开发费用。

② 冗余数据少，数据共享程度高。

③ 系统的用户接口简单，用户容易掌握，使用方便。

④ 能够确保系统运行可靠，出现故障时能迅速排除；能够保护数据不受非授权者访问或破坏；能够防止错误数据的产生，一旦产生也能及时发现。

⑤ 有重新组织数据的能力，能改变数据的存储结构或数据存储位置，以适应用户操作特性的变化，改善由于频繁插入、删除操作造成的数据组织零乱和时空性能变坏的状况。

⑥ 具有可修改性和可扩充性。

⑦ 能够充分描述数据间的内在联系。

（6）数据库技术

数据库技术是信息系统的一个核心技术，是一种计算机辅助管理数据的方法。它研究如何组织和存储数据，如何高效地获取和处理数据，是通过研究数据库的结构、存储、设计、管理以及应用的基本理论和实现方法，并利用这些理论来实现对数据库中的数据进行处理、分析和理解的技术。数据库技术是研究、管理和应用数据库的一门软件科学。

数据库技术是现代信息科学与技术的重要组成部分，是计算机数据处理与信息管理系统的核心。数据库技术解决了计算机信息处理过程中大量数据有效地组织和存储的问题，在数据库系统中减少数据存储冗余、实现数据共享、保障数据安全及高效地检索数据和处理数据。

数据库技术研究和管理的对象是数据，所以数据库技术所涉及的具体内容主要包括：通过对数据的统一组织和管理，按照指定的结构建立相应的数据库和数据仓库；利用数据库管理系统和数据挖掘系统设计出能够实现对数据库中的数据进行添加、修改、删除、处理、分析、理解、报表和打印等多种功能的数据管理和数据挖掘应用系统；并利用应用管理系统最终实现对数据的处理、分析和理解。

（7）结构化查询语言

SQL 是英文 Structured Query Language 的缩写，意思为结构化查询语言。SQL 语言的主要功能就是同各种数据库建立联系，进行沟通。SQL 语句可以用来执行各种各样的操作，如更新数据库中的数据，从数据库中提取数据等。目前，绝大多数流行的关系型数据库管理系统，如 Microsoft SQL Server、Oracle、Sybase、Access 等都采用了 SQL 语言标准。虽然很多数据库都对 SQL 语句进行了再开发和扩展，但是包括 select、insert、update、delete、create 以及 drop 在内的标准的 SQL 命令仍然可以被用来完成几乎所有的数据库操作。

结构化查询语言最早是 IBM 的圣约瑟研究实验室为其关系数据库管理系统 SYSTEM R 开发的一种查询语言，它的前身是 SQUARE 语言。SQL 语言结构简洁，功能强大，简单易学，所以自从 IBM 公司在 1981 年将其推出以来就得到了广泛的应用。如今无论是像 SQL Server、Oracle、Sybase、Informix 这些大型的数据库管理系统，还是像 Visual FoxPro、PowerBuilder 这些 PC 上常用的数据库开发系统，都支持 SQL 语言作为查询语言。

美国国家标准局（ANSI）与国际标准化组织（ISO）已经制定了 SQL 标准。ANSI 是一个美国工业和商业集团组织，负责开发美国的商务和通信标准。ANSI 同时也是 ISO 和 International Electrotechnical Commission（IEC）的成员之一。ANSI 发布与国际标准组织相应的美国标准。1992 年，ISO 和 IEC 发布了 SQL 国际标准，称为 SQL-92。ANSI 随之发布的相应标准是 ANSI SQL-92。ANSI SQL-92 有时被称为 ANSI SQL。尽管不同的关系数据库使用的 SQL 版本有一些差异，但大多数都遵循 ANSI SQL 标准。SQL Server 使用 ANSI SQL-92 的扩展集，称为 Transact-SQL，其遵循 ANSI 制定的 SQL-92 标准。

SQL 语言包含以下 4 个部分：

① 数据定义语言（DDL），如 create、drop、alter 等语句；
② 数据操作语言（DML），如 insert（插入）、update（修改）、delete（删除）语句；
③ 数据查询语言（DQL），如 select 语句；
④ 数据控制语言（DCL），如 grant、revoke、commit、rollback 等语句。

3．SQL Server 的特点

（1）与因特网的集成

SQL Server 2000 的数据库引擎全面支持 XML（Extensive Markup Language，扩展标记语言），能使用户很容易地将数据库中的数据发布到 Web 页面上。

（2）可伸缩性与可用性

可跨越从运行 Windows 95/98 的膝上型计算机到运行 Windows 2000 的大型多处理器等多种平台使用。另外，对联合服务器、索引视图等的支持，使得 SQL Server 2000 企业版可以升级到最大 Web 站点所需的性能级别。

（3）具备企业级数据库功能

SQL Server 2000 分布式查询可以引用来自不同数据库的数据，而且这些对于用户来说是完全透明的；分布式数据库将保证任何分布式数据更新时的完整性；复制可以使我们能够维护多个数据复本，这些用户能够自主地进行工作，然后再将所做的修改合并到发布数据库；SQL Server 2000 关系数据库引擎能够充分保护数据完整性，还可以将管理、修改数据库开销降到最小。

（4）易于安装、部署和使用

SQL Server 2000 由一系列的管理和开发工具组成，这些工具使得在多个站点上进行 SQL Server 的安装、部署、管理和使用变得更加容易。开发人员可以更加快速地交付 SQL Server 应用程序，而且只需要进行很少的安装和管理就可以实现这些应用程序。

（5）具有数据仓库

数据仓库是 SQL Server 2000 中包含的用于分析提取和分析汇总数据以进行联机分析处理的工具，这个功能只在 Oracle 和其他更昂贵的 DBMS 中才有。

0.3.2　SQL Server 数据库开发环境的设计与实现

1．SQL Server 2000 数据库版本及其特性

（1）SQL Server 2000 数据库的版本

SQL Server 2000 不仅是一种关系数据库管理系统，它还是能满足最为苛刻的企业对可伸缩性和可靠性需求的完整数据库和分析产品。它有 7 种不同的 SQL Server 2000 版本，旨在满足企业和个人在独特性能、运行时间和价格方面的要求，用户可以根据实际情况选择版本。

① 企业版（Enterprise Edition）

该版本支持所有的 SQL Server 2000 特性，多用于大中型产品数据库服务器，并且还支持大型网站、企业 OLTP（联机事务处理）和大型数据仓库系统 OLAP（联机分析处理）。SQL Server 2000 企业版可以在以下操作系统平台上运行：Windows NT Server 4.0、Windows NT Server 4.0 企业版、Windows 2000 Server、Windows 2000 Advanced Server、Windows 2000 Data Center Server，以及所有更高级的 Windows 操作系统。

② 标准版（Standard Edition）

该版本的实用范围是小型的工作组或部门。它具有大多数的 SQL Server 2000 功能，但是不具有支持大型数据库、数据仓库和网站的功能，不支持所有的关系数据库引擎的功能。该版本可以在以下操作系统平台上运行：Windows NT Server 4.0、Windows NT Server 企业版、Windows 2000 Server、Windows 2000 Advanced Server、Windows 2000 Data Center Server，以及所有更高级的 Windows 操作系统。

③ 个人版（Personal Edition）

该版本用于单机系统或客户机。移动的客户端有时从网络上断开，但所运行的应用程序需要 SQL Server 数据存储。在客户端计算机上运行需要本地 SQL Server 数据存储的独立应用程序时也使用个人版。SQL Server 2000 个人版可以在以下操作系统平台上运行：Windows Me、Windows 98、Windows NT Workstation 4.0、Windows 2000 Professional、Windows NT Server 4.0、Windows 2000 Server，以及所有更高级的 Windows 操作系统。

④ 开发版（Developer Edition）

该版本用于程序员开发应用程序，这些程序需要 SQL Server 2000 作为数据存储设备，供程序员用来开发将 SQL Server 2000 用作数据存储的应用程序。虽然开发版支持企业版的所有功能，使开发人员能够编写和测试可使用这些功能的应用程序，但是只能将开发版作为开发和测试系统使用，不能作为生产服务器使用。SQL Server 2000 开发版可以在以下操作系统平台上运行：Windows NT Workstation 4.0、Windows 2000 Professional、所有其他的 Windows NT、Windows 2000 和所有更高级的 Windows 操作系统。

⑤ 评估版（Reporting Edition）

该版本是可从 Web 上免费下载的功能完整的版本，仅用于评估 SQL Server 功能，下载 120 天后该版本将停止运行。

⑥ 桌面引擎（Desktop Engine）

SQL Server 2000 Desktop Engine 组件允许应用程序开发人员用它们的应用程序分发 SQL Server 2000 关系数据库引擎的复本。因为 SQL Server 2000 Desktop Engine 中的数据库引擎的功能与 SQL Server 各版本中的数据库引擎相似，所以 Desktop Engine 数据库的大小不能超过 2 GB。

⑦ Windows CE 版

该版本在 Windows CE 设备上进行数据存储，能用任何版本的 SQL Server 2000 复制数据，以使 Windows CE 数据与主数据库保持同步。

从功能上看，企业版和开发版主要用于大用户，可以支持更多的 CPU、内存，可以支持集群（Cluster）、日志传输（log shipping）、并行 DBCC、并行创建索引、索引视图等高级功能。从安装上看，个人版、开发版和桌面引擎是一组，企业版和标准版只能安装在 Windows 的 Server 版（Windows NT、Windows 2000、Windows 2003）上，个人版、开发版和桌面引擎可以安装在更多的系统（包括 Windows NT Workstation、Windows 2000 professional、Windows XP 等，桌面引擎得数据库不能超过 2G）上。

（2）新特性

SQL Server 2000 包括了许多新特性，这些特性扩展了 SQL Server 2000 作为一种具有丰富开发环境的高性能相关数据库系统的能力，对程序设计者和数据库管理者而言，也是必须要了解的。

① 支持 XML（Extensive Markup Language，扩展标记语言）。作为原先在 Web 上交换数据的标准技术，XML 现在正迅速成为集成电子商务系统的首选技术。建立 B2C、B2B 和外部网 Web 解决方案的公司希望用 XML 来简化后端系统集成和经由防火墙的数据传输。尽管许多公司只希望用中间层 XML 解决方案来解决其数据通信问题，但是开发人员还将认识到 XML 文档和数据的高速存储和生成功能的价值。SQL Server 2000 提供了集成的 XML 支持，对于 Web 开发人员和数据库程序员而言，这一支持具有灵活性、高性能和易用性。

② 图形管理功能得到增强。在 SQL Server 2000 中，可以使用日志备份来完成数据同步；SQL 事件探测器的功能得到增强，支持基于大小和基于时间的跟踪，并且包含了新的事件；SQL 查询分析器的功能得到增强，引入了对象浏览，可以很方便地获取数据库对象的信息，还增加了存储程序调试器和创建对象的模板。

③ 增加了新的数据类型。SQL Server 2000 引入了 3 种新的数据类型，即 64 位整型数（Bigint）、变量（Sql_variant）和表格（Table）数据类型。

④ 可以自定义函数。在 SQL Server 2000 里面，用户可以建立自定义的函数，函数返回值可以是一个值，也可以是一个表。我们知道，为了优化数据库，需要尽量避免使用游标，因为这样会带来极大的系统开销，但有时候必须使用游标。比如要得到一段汉字字段的拼音，将汉字转化为拼音，就必须利用游标对字段中的每一个字进行查表。但是现在我们可以使用自定义函数来完成同样的操作，极大地节省了系统开销。

⑤ 支持 OLE DB 和多种查询。在 SQL Server 2000 中，包括了一个本地的 OLE DB 提

供器。OLE DB 与 ADO 对象模型一同使用，具有执行多种查询的功能，可以自由访问关系型数据库和非关系型数据库，甚至可以从窗体或者 E-mail 中读取数据。

⑥ 增加了视图索引。在以前版本的 SQL Server 中，视图不能有索引，所以查询一个视图和使用一个连接语句在执行效率上没什么区别。在 SQL Server 2000 中，可以在视图上创建索引。这样，现有的应用程序就可以在不需修改代码的情况下大大提高执行效率。

⑦ 增强了全文检索功能。第一，能够更新数据，而不需要重建全文检索索引。可以手动更新索引，也可以在作业中进行更新，或者使用后台更新选项（Background Update Index Option）在数据发生变化的同时更新索引，使得全文检索可以用于频繁更新的数据的实时检索。第二，全文检索索引可以用于 image 类型的字段。当在 image 字段中存储了指定文档类型的文件时，全文检索可以调用该类型文档对应的过滤器来获得文件的信息。例如，在一个 image 字段中存放一个 word 文件，并且对该字段添加全文检索功能，则可以得到这个文件的作者、文件大小、修改时间等信息。

⑧ 支持分布式事务处理。分布式事务处理是指几个服务器同时进行的事务处理。如果分布式事务处理系统中任意一个服务器不能响应所请求的改动，那么系统中的所有服务器都不能改动。SQL Server 2000 在处理大量数据方面做了很多改进，在管理大型数据仓库方面相当完善。数据仓库通常是一些海量数据库，这些数据库包含了来自于事务数据库的数据。这些大型数据库用来研究趋势，这些趋势绝非是一般草率的检查可以发现的。

⑨ 总费用低于其他竞争对手。很重要的一点是，如果将 SQL Server 的所有特点与其他的竞争对手做一个比较，我们会发现：在硬件、软件、客户许可证、管理费用、开发所需费用方面，SQL Server 均比市场上其他 RDBMS 要低。

2．SQL Server 数据库的安装与配置

（1）SQL Server2000 的环境要求

① 硬件要求（如表 0.2 所示）

表 0.2　　　　　　　　　　　　　　　硬件要求

硬　　件	最　低　要　求
计算机	Intel 及其兼容机 Pentium 166 MHz 或更高
内存（RAM）	企业版：至少 64 MB，建议 128 MB 或更多 标准版：至少 64 MB 个人版：Windows 2000 上至少 64 MB，其他操作系统上至少 32 MB 开发版：至少 64 MB Desktop Engine：Windows 2000 上至少 64 MB，其他操作系统上至少 32 MB
硬盘空间	SQL Server 数据库组件：95～270 MB，一般为 250 MB Analysis Services：至少 50 MB，一般为 130 MB English Query：80 MB 仅 Desktop Engine：44 MB
监视器	VGA 或更高分辨率 SQL Server 图形工具要求 800×600 或更高分辨率
定位设备	Microsoft 鼠标或兼容设备
CD-ROM 驱动器	需要

② 操作系统要求（如表 0.3 所示）

表 0.3　　　　　　　　　　　　　　　　　操作系统要求

SQL Server 版本或组件	操作系统要求
企业版	Microsoft Windows NT Server 4.0、Microsoft Windows NT Server 4.0 企业版、Windows 2000 Server、Windows 2000 Advanced Server 和 Windows 2000 Data Center Server 注意：SQL Server 2000 的某些功能要求是 Microsoft Windows 2000 Server（任何版本）
标准版	Microsoft Windows NT Server 4.0、Windows 2000 Server、Microsoft Windows NT Server 企业版、Windows 2000 Advanced Server 和 Windows 2000 Data Center Server
个人版	Microsoft Windows Me、Windows 98、Windows NT Workstation 4.0、Windows 2000 Professional、Microsoft Windows NT Server 4.0、Windows 2000 Server 和所有更高级的 Windows 操作系统
开发版	Microsoft Windows NT Workstation 4.0、Windows 2000 Professional 和所有其他 Windows NT 和 Windows 2000 操作系统
仅客户端工具	Microsoft Windows NT 4.0、Windows 2000（所有版本）、Windows Me 和 Windows 98
仅连接	Microsoft Windows NT 4.0、Windows 2000（所有版本）、Windows Me、Windows 98 和 Windows 95

③ Internet 要求

Microsoft SQL Server 2000 所有安装都需要 Microsoft Internet Explorer 5.0 及以上版本。Microsoft 管理控制台（MMC）和 HTML 帮助也需要 Microsoft Internet Explorer 5.0 及以上版本。最小安装已足够，而且 Internet Explorer 不必是默认浏览器。

④ 网络软件要求

Microsoft Windows NT、Windows 2000、Windows Me、Windows 98 和 Windows 95 都具有内置网络软件。只有在使用 Banyan VINES 或 AppleTalk ADSP 时，才需要其他网络软件。Novel NetWare IPX/SPX 客户端支持由 Windows Networking 的 NWLink 协议提供。

（2）SQL Server2000 的安装

将 SQL Server 2000 的安装光盘插入 CD-ROM 驱动器之后，安装程序会自动启动。如果该光盘不自动运行，请双击该光盘根目录中的 Autorun.exe 文件，打开安装选项窗口。下面以个人版为例详细描述安装步骤，标准版、企业版的安装完全一样。

第 1 步：选择"安装 SQL Server 2000 组件"选项，如图 0.7 所示。

图 0.7　SQL Server "安装程序"启动界面

第 2 步：选择"安装数据库服务器"，如图 0.8 所示。

图 0.8　SQL Server"安装组件"对话框

第 3 步：出现安装向导后，单击"下一步"后出现"计算机名"窗口。"本地计算机"是默认选项，其名称就显示在上面，按其默认单击"下一步"，如图 0.9 所示。

第 4 步：在"安装选择"对话框中，同样按其默认项"创建新的 SQL Server 实例，或安装客户端工具"单击"下一步"，如图 0.10 所示。

图 0.9　SQL Server"计算机名"对话框

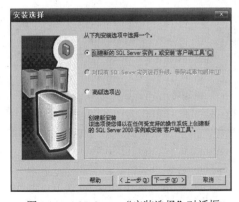

图 0.10　SQL Server"安装选择"对话框

第 5 步：接下来的窗口是用户信息，在经过"软件许可证协议"一步后，到达"安装定义"对话窗口。同样地，按其默认选择"服务器和客户端工具"，单击"下一步"，如图 0.11～0.13 所示。

第 6 步：选择"默认"的实例名称，这时 SQL Server 的名称将和 Windows 2000 服务器的名称相同，如图 0.14 所示。SQL Server 2000可以在同一台服务器上安装多个实例，也就是说它可以重复安装几次，如果你的计算机上已经安装了数据库实例，"默认"实例可能不可选择，这时你就需要选择不同的实例名称了。实例名会出现在各种 SQL Server 和系统工具的用

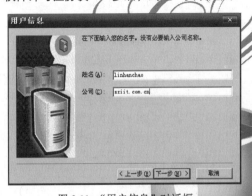

图 0.11　"用户信息"对话框

户界面中，名称越短越容易读取，实例名称不能是"Default"等 SQL Server 的保留关键字。

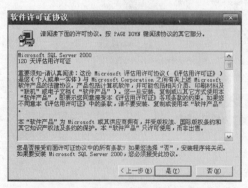

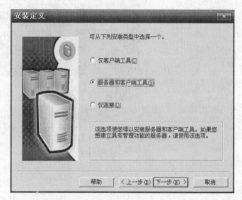

图 0.12 "软件许可证协议"对话框

图 0.13 SQL Server "安装定义"对话框

第 7 步：在"安装类型"对话框中，可以设定多个选项。比如安装组件的多少以及安装的路径等，根据实际需要选择，如图 0.15 所示。

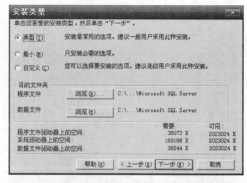

图 0.14 "实例名"对话框

图 0.15 SQL Server "安装类型"对话框

第 8 步：在"服务帐户"对话框中，选"使用本地系统帐户"后单击"下一步"，不建议"使用域用户帐户"，避免以后 Windows 的登录用户名和密码修改了，SQL Server 2000 不能正常启动，另外域用户账户管理也相对复杂些，如图 0.16 所示。

第 9 步：在"身份验证模式"对话框中，选择"混合模式（Windows 身份验证和 SQL Server 身份验证）"，不建议选择"Windows 身份验证模式"，后者模式管理相对复杂些。如果你是初次接触使用 SQL Server 2000 的话，可以将该密码设置为空，以方便登录。熟练以后再设置 sa

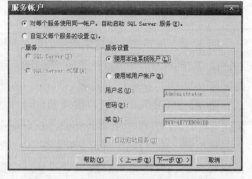

图 0.16 SQL Server "服务帐户"对话框

的密码，设置的密码不要忘记，因为基于 SQL Server 2000 各种应用系统在安装或使用过程中往往需要 sa 的密码，如图 0.17 所示。

第 10 步：在"选择许可模式"对话框中，根据购买的 SQL Server 2000 软件的类型和数量输入。"每客户"表示同一时间最多允许的连接数,"处理器许可证"表示该服务器最多能安装多少个 CPU。例如,可选择"1 个处理器"。企业版和标准版时客户许可设备数可以修改,个人版时为 0,不能修改,如图 0.18 所示。

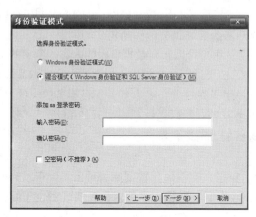

图 0.17 "身份验证模式"对话框

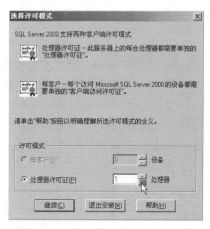

图 0.18 "选择许可模式"对话框

第 11 步:一切设定好后,单击"继续",安装程序开始向硬盘复制必要的文件,开始正式安装,大约 10min 后,安装完成。注意:安装完成后请重新启动计算机。

第 12 步:查看 SQL Server 2000 启动情况。成功安装了 SQL Server 2000,在 SQL Server 正常启动后,计算机桌面右下角出现的 SQL Server 服务监视图标显示为一个带绿色三角的服务启动标记,如图 0.19 所示。

图 0.19 任务栏显示启动标记

3. SQL Server 数据库主要组件介绍

(1)服务管理器

SQL Server 服务管理器(SQL Server Service Manager)用于启动、暂停和停止服务器进程。通常情况下,SQL Server 服务管理器随着操作系统的启动而启动,所以 SQL Server 2000 安装完成以后,重新启动计算机,SQL Server 服务管理器的图标会自动出现在系统的任务栏中,用于显示 SQL Server 进程的运行状态,如图 0.19 所示。

在操作系统的任务栏中单击"开始"菜单,选择"程序"→"Microsoft SQL Server"→"服务管理器"命令,或者双击任务栏中的图标都可以将服务管理器最大化,如图 0.20 所示。

下面介绍如何使用 SQL Server 服务管理器来启动、暂停和停止服务器进程,操作步骤如下。

图 0.20 服务管理器

① 通过单击"服务器"下拉列表框中的下三角按钮选择 SQL Server 服务器名称,如果在下拉列表中没有显示指定的服务器,可以在下拉列表框中直接输入服务器名。

② 通过单击"服务"下拉列表框中的下三角按钮可查看到与 SQL Server 2000 相关的 4 个服务,分别是 MSSQL Server、SQL Server Agent、Microsoft Search 和 Distributed

Transaction Coordinator。

　　a. MSSQL Server：SQL Server 的最重要的服务，启动它就可以完成大部分数据库处理（如数据存取、事务处理和安全配置等）。

　　b. SQL Server Agent：SQL Server 代理服务，在 SQL Server 中实现数据库管理的自动化，依靠的就是 SQL Server Agent。它主要负责在 SQL Server 2000 上调度定期执行的活动（如数据库维护、备份、复制等），以及通知系统管理员服务器所发生的问题。

　　c. Microsoft Search：全文搜索和查询服务。用户可以针对数据字段的内容以全文的方式查询，非一般 SQL 语法提供的 Like 关键字过滤。如果进行全文检索一定要进行全文检索配置。

　　d. Distributed Transaction Coordinator：用于完成分布式事务并保证事务的一致性。

　　③ 在"服务"下拉列表框中选择任意一个服务，然后通过单击"开始/继续"、"暂停"和"停止"这 3 个按钮改变 SQL Server 服务器的当前运行状态。

（2）企业管理器

企业管理器是 SQL Server 2000 提供的功能强大的图形化数据库管理工具，它以树型结构的形式来管理 SQL Server 数据库服务器、数据库及数据库中的对象，实现对位于同一企业网络结构中多个 SQL Server 数据库服务器的管理。在操作系统的任务栏中单击"开始"菜单，选择"程序"→"Microsoft SQL Server"→"企业管理器"命令，启动企业管理器，如图 0.21 所示。

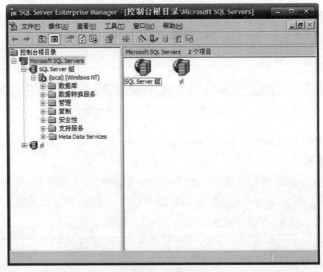

图 0.21 企业管理器

窗体左边的树型结构图中，根节点是所有服务器控制台的根，称为"控制台根目录"。第一层节点为默认的节点"Microsoft SQL Server"，所有的 SQL Server 服务器组都是 Microsoft SQL Server 节点的子节点。SQL Server 2000 被安装完成以后，系统默认提供服务器组"SQL Server 组"。读者可以根据需要在 Microsoft SQL Server 节点下定义新的服务器组。

每个服务器下面是该服务器的所有管理对象和可以执行的管理任务，包括"数据库"、"数据转换服务"、"管理"、"复制"、"安全性"、"支持服务"和"Meta Data Services" 7 类，下面分别对其进行介绍。

① 数据库：包含了服务器的所有数据库，每个数据库下面是标准的子节点，用于管理所有的数据库对象。

② 数据转换服务：包含服务器上的数据转换服务（DTS）包列表，以及数据转换服务（DTS）所使用的元数据服务。

③ 管理：包含 SQL Server 代理（警报、操作员、作业）、备份设备、进程与锁、维护计划和 SQL Server 日志。

④ 复制：用于发布或请求订阅的项目（表、视图或存储过程）。

⑤ 安全性：包括用户登录、服务器角色，以及当前连接的链接服务器和远程服务器。

⑥ 支持服务：包括分布式事务处理协调器、全文检索引擎和 SQL 邮件。

⑦ Meta Data Services：标准数据库的设计、数据信息和数据共享等高级方法。在此节点可以定义和维护元数据。

（3）查询分析器

查询分析器是一种交互式图形工具，用于执行 SQL 语句、查看结果和分析查询计划等，如图 0.22 所示。

图 0.22　查询分析器

查询分析器具体可以执行的操作如下。

① 创建查询和其他 SQL 脚本，并针对 SQL Server 数据库执行它们（查询窗口）。

② 由预定义脚本快速创建常用数据库对象（模板）。

③ 快速复制现有数据库对象（对象浏览器脚本功能）。

④ 通过对象浏览器在参数未知的情况下执行存储过程。

⑤ 调试存储过程（Transact-SQL 调试程序）。

⑥ 调试查询性能问题（显示执行计划、显示服务器跟踪、显示客户统计、索引优化向导）。

⑦ 通过对象浏览器在数据库内定位对象（对象搜索功能）、查看对象和使用对象。

⑧ 在"打开表"窗口快速插入、更新或删除表中的行。

⑨ 为常用查询创建键盘快捷方式（自定义查询快捷方式功能）。

⑩ 通过"工具"菜单中的"自定义"选项向"工具"菜单添加常用命令。

（4）数据导入、导出工具

在编写程序时，可能涉及要重复使用某个数据库中的数据表，那么为了避免数据表的重复创建，SQL Server 提供了数据转换服务，它为在 OLE DB 数据源之间复制数据提供了最简单的方法。导入数据是从 Microsoft SQL Server 的外部数据源（如 ASCII 文本文件）中检索数据，并将数据插入到 SQL Server 表的过程。而导出数据是将 SQL Server 实例中的数据分析提取为某些用户指定格式的过程，如将 SQL Server 表的内容复制到其他数据库中，如图 0.23 所示。

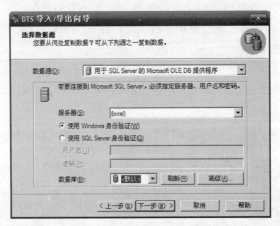

图 0.23　选择数据源对话框

（5）服务器网络实用工具

服务器网络实用工具用于管理服务器网络库，其中主要是设置本机上运行 SQL Server 实例所使用的网络协议和相关的配置参数。通过在操作系统的任务栏中单击"开始"菜单，选择"程序"→"Microsoft SQL Server"→"SQL Server 网络实用工具"命令，运行服务器网络实用工具程序，如图 0.24 所示。

图 0.24　SQL Server 网络实用工具

（6）客户端网络实用工具

客户端网络实用工具是一个图形工具，作为 SQL Server 客户端安装程序的一部分，主要用于执行以下的功能。

①配置客户端连接（包括一个服务器别名、客户端网络库（Net-Library）和任何相关的连接参数，如管道文件名称或端口号）。

②显示当前安装的DB-Library版本，并为DB-Library选项设置默认值。

③显示当前安装的SQL Server客户端Net-Library的信息，并更改默认值。

④通过在操作系统的任务栏中单击"开始"菜单，选择"程序"→"Microsoft SQL Server"→"SQL Server客户端网络实用工具"命令，运行客户端网络实用工具程序，如图0.25所示。

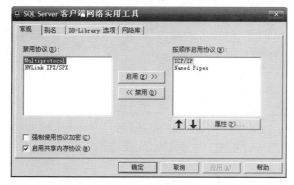

图0.25　SQL Server客户端网络实用工具

（7）事件探查器

事件探查器即服务器活动跟踪程序，用于监视与分析SQL Server活动、SQL Server服务器的网络进出流量或发生在SQL Server上的事件。SQL Server事件是指在SQL Server引擎中发生的任何行为，它通常包括登录、Transact-SQL语句、存储过程、安全认证等，可以对事件的不同方面进行有选择地监视。例如，正在执行的SQL语句及其状态。

事件探查器可以把一个操作序列保存为一个.trc文件，然后在本机或其他机器上按原来的次序重新执行一遍，这在服务器纠错中非常实用。在事件探查器界面中，如果选择"文件"中的打开命令，会出现事件选择页面，可以通过它选择需要跟踪的事件，如图0.26所示。

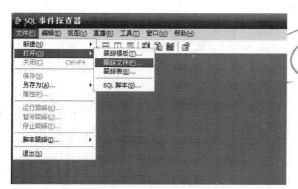

图0.26　事件探查器事件选择页面

通常情况下，不选择过多地事件进行监视和跟踪，因为这样将影响SQL Server的性能。跟踪文件的最大默认值为5MB，若跟踪文件的大小超过了最大限制，SQL Server的事件探查器就会创建一个新跟踪。

（8）在 IIS 中配置 SQL XML 支持

在使用 HTTP 访问 SQL Server 2000 数据库之前，必须安装适当的虚拟目录。SQL Server 2000 可以在运行 IIS 的计算机上定义并注册新的虚拟目录，同时在新的虚拟目录和 SQL Server 实例之间创建关联。在操作系统的任务栏中单击"开始"菜单，选择"程序"→"Microsoft SQL Server"→"在 IIS 中配置 SQL XML 支持"命令，打开"对 SQL Server 的 IIS 虚拟目录管理"对话框，如图 0.27 所示。

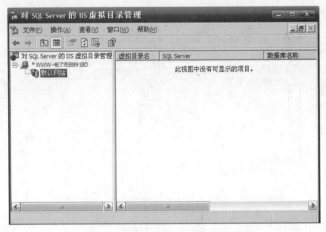

图 0.27　在 IIS 中配置 SQL XML 支持

（9）联机丛书

联机丛书也叫在线手册。严格地说，在线手册并不是一个管理工具。但是，无论是数据库管理员，还是数据库开发人员，都离不开在线手册。SQL Server 2000 联机丛书是学习使用 SQL Server 2000 的很好的工具，从联机丛书中用户可以获得各种帮助，基本上用户在使用 SQL Server 2000 中遇到的所有问题都可以从联机丛书中找到答案。

在"开始"菜单的 Microsoft SQL Server 程序组中选择"联机丛书"即可启动在线手册。SQL Server 2000 的在线手册采用了 IE 风格的界面和经过特殊编译的 HTML 文件格式，如图 0.28 所示。

图 0.28　SQL Server 2000 联机丛书

导学二 个人理财软件项目介绍

通过前面的学习，我们已经了解了数据库在管理信息系统软件当中的作用，也知道了数据库工具 SQL Server 的相关学习背景。为了更好地进行 SQL Server 学习，本书拟配合该工具的学习，实际完成一项个人理财软件的设计与开发，并按标准的软件开发流程针对项目进行设计。不同的是，针对软件程序开发及界面设计等部分，不再重点强调，只针对数据库的各项功能实施及工具操作进行详细指导，从而明确了解 SQL Server 各项工具在软件项目实施过程中的应用情况。

0.4 软件开发流程

软件设计开发的一般过程，包括设计软件的功能及其实现的算法和方法、软件的总体结构设计和模块设计、程序编写和调试、程序联调和测试及提供相应文档。为了便于理解，我们按软件公司的实际开发过程，针对系统分析员、项目经理、项目组长、程序员 4 个岗位职责进行阐述。

第 1 步：需求调研分析。

软件的使用者很难用专业语言描述出软件的具体需求。因此，开发之初，系统分析员要和用户初步了解需求，然后利用文档工具列出要开发系统的大功能模块，以及各功能模块下含有的子功能模块，也可以初步定义好少量界面。

在初步文档基础上，系统分析员深入了解和分析需求，根据自己的经验和需求，用相关工具做出一份详尽的功能需求文档。文档中清楚标明系统各功能模块及子模块，同时包括相关的界面和界面功能示意。为表达明确，可制作简易动画及演示程序，以便同用户最后确认。

第 2 步：概要设计。

项目经理依据需求分析，对软件系统进行概要设计（系统设计）。概要设计是对软件系统设计进行整体考虑，包括系统的基本处理流程、系统的组织结构、模块划分、功能分配、接口设计、运行设计、数据结构设计和出错处理设计等，宏观的对整个软件各项功能及相应接口进行规划，为软件的详细设计提供基础。

第 3 步：详细设计。

在概要设计的基础上，项目组长需要进行软件系统的详细设计，主要包括：针对具体模块所涉及的主要算法、数据结构、类的层次结构及调用关系进行设计，需要说明软件系统各个层次中的每一个程序（每个模块或子程序）的设计考虑，以便进行编码和测试。应当保证软件的需求完全分配给整个软件。详细设计应当足够详细，能够根据详细设计报告进行编码。

第 4 步：编码。

程序员依据《软件系统详细设计报告》中对数据结构、算法分析和各模块实现的设计要求，开始具体的编写程序工作，将文字描述变成代码语言，从而完成开发工作。

当然，编码后的软件还需要后期的测试及交付使用、升级维护等步骤；同时，在系统开发过程中，受项目限制，有可能一个人完成多项工作，或多人完成同一项工作。本书针对软件概要设计和详细设计内容，涉及编程部分从略。

0.5 需求调研分析

在已往的数据库学习中，普遍以学生管理系统、图书管理系统作为软件平台，虽然与学生关系密切，但是针对学生个人来讲意义不大。为了激发学习兴趣，尽可能围绕学生日常学习生活的管理信息系统是数据库学习平台的首选。

随着经济的快速发展，经济活动无时无刻不在人们的生活中上演，对经济活动的管理，也即"理财"，已成为人们迫切的需求。在校学生个人的收支明细，电子账本是大多数学生常用到的软件。同时，理财产品的日益丰富，信用卡、基金、股票等理财方式及投资理念也逐步走入校园生活。经过实际的调研分析，我们制订了个人理财软件的需求分析，如表 0.4 所示。

表 0.4　　　　　　　　　　　　个人理财软件需求分析

功 能 模 块	说　　明
日常收支 明细管理	管理用户的日常收支，提供日常收支信息的添加录入、删除和修改
收入、支出 类型描述	学生个体差异较大，个人收入来源、支出类型不尽相同，系统应根据个体要求，提供收入来源、支出类型的个性化录入，并与日常收支明细绑定
账户管理	由于各银行均有储蓄卡、信用卡等多种类型，多数同学持卡数量并不唯一，甚至拥有同一家银行的多个银行卡。除此之外，账户类型还应包括储蓄、股票投资及其他账户。该模块提供各类账户信息的添加录入、删除、修改等功能
统计查询	各模块应提供查询统计功能，用户可以根据需要查询相应时间段内的收支信息等，并可分类统计

注：如产生个人贷款、债权债务等信息，均可建立独立账户进行描述，可认为是一种特殊账户，与银行账户并列。

针对软件来说，除财务信息外，相应的辅助功能也是必要的，辅助模块功能如表 0.5 所示。

表 0.5　　　　　　　　　　　　辅助信息需求分析

功 能 模 块	说　　明
用户管理	考虑到信息安全和个人隐私性，本系统应含有登录模块。通过录入用户名和密码进行登录，同时可以针对用户信息进行管理
通讯录管理	提供分组功能（如：朋友、同事、家人等），用户可以在相应的群组内添加录入、删除和修改信息

当然，本软件的设计目的，除供学生个人使用以外，主要是以教学为主，为了更好地配合数据库软件的学习，相应的教学信息需求如表 0.6 所示。

表 0.6　　　　　　　　　　　　教学信息需求分析

功 能 模 块	说　　明
SQL 语句接口	系统界面应提供 SQL 语句录入接口，便于学生掌握查询语句，更好地理解软件与数据库的交互操作
数据库设置接口	便于软件与数据库连接的个性化设置

总之，本系统为面向学生群体的个人理财软件，简单实用，能满足用户的个人理财需要，提供财务账户管理、日常收支管理、投资管理和收支统计等功能。同时可以供教师完成 SQL Server 核心知识点的讲解及配套演示。

0.6 概 要 设 计

软件运行后，通过登录界面进入主系统。登录界面除利用用户名、密码连接登录表进行信息判断外，还需提供软件与数据库连接配置模块。在首次登录系统时，建立软件平台与后台数据库的连接。

系统主界面由以下 6 模块组成：日常收支明细、统计分析、SQL 模块、通讯录、用户管理、个人信息。各模块功能实现流程如图 0.29 所示。

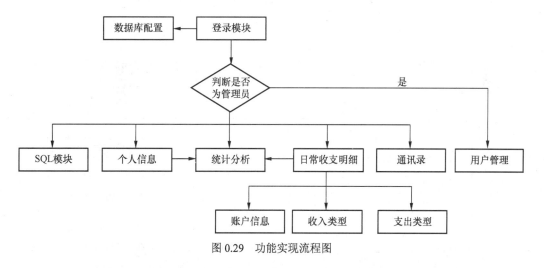

图 0.29 功能实现流程图

其中，日常收支明细为主要功能模块，记录每一笔财务开销的发生时间、收支类型和费用。其中，收支类型、账户信息均通过下拉列表选择录入，列表中数据可按个人情况，实时录入。

统计分析模块，针对各项统计指标，进行自定义查询和信息统计。

通讯录模块为独立模块，记录联系人姓名及联系方式。

用户管理模块为独立模块，进行登录名、密码的管理，以及新用户的添加。

基本信息管理模块，管理收支项目，记录各种收支项目品种，如工资、年终奖等。

在对数据库进行操作时，各项模块均涉及添加、查询、修改、删除记录的操作，为方便使用，可在系统中适当增加辅助小工具，如计算器、记事本等。

0.7 项目详细设计

1. 登录模块

操作数据库用户信息表，进行登录。在登录界面含有数据库设置模块，可以输入服务器地址和数据库名称及登录方式，如图 0.30 所示，登录表结构如表 0.7。

图 0.30　登录界面

表 0.7　　　　　　　　　　　　　用户信息表（YonghuXX）

字 段 名	类 型	长 度	描 述
YHBianhao	int	4	系统 ID（主键）
DengluM	varchar	32	登录名
Mima	varchar	32	密码
Quanxian	int	4	值为 1 时代表管理员

2. 日常收支明细

操作收支明细表，针对每一笔进出账目进行记录，界面含有增、改、删、查 4 个按钮及打印导出功能，如图 0.31 所示。收支明细表结构如表 0.8 所示。

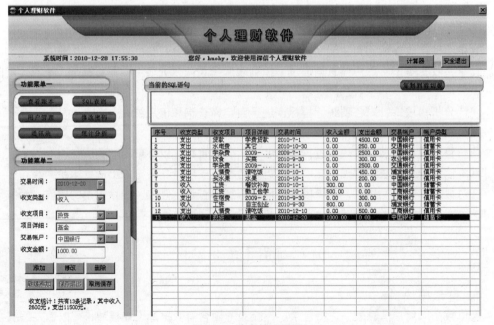

图 0.31　收支管理界面

表 0.8 收支明细表（ShouzhiMX）

字 段 名	类 型	长 度	描 述
SZBianhao	int	4	系统 ID（主键）
LXBianhao	int	4	收支类型（类型表外键）
JiaoyiSJ	datetime	8	交易时间
JiaoyiJE	money	8	交易金额
ZHBianhao	int	4	账户（账户表外键 ID）

为了便于进行收支类型和银行账户管理，收支明细表中，收支类型、账户字段以外键形式连接类型表、银行账户表。类型表中包括收入、支出所有种类的描述，可自行增删。账户表记录各类账户信息，包括账户名称、账户类型等。3 个表之间的关系如图 0.32 所示。

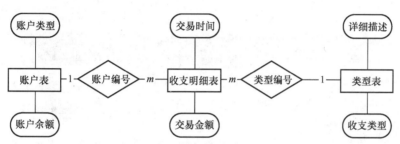

图 0.32 收支明细表与类型表、账户表关系

类型表与账户表的表结构如表 0.9、表 0.10 所示。

表 0.9 类型表（Leixing）

字 段 名	类 型	长 度	描 述
LXBianhao	int	4	系统 ID（主键）
ShouZhi	varchar	50	"收入"、"支出"两个类型
ShouzhiLX	varchar	50	类型（如工资、理财）
ShouzhiXX	varchar	50	收支详细描述（如工资中的基本工资、津贴、加班费）

表 0.10 账户表（Zhanghu）

字 段 名	类 型	长 度	描 述
ZHBianhao	int	4	系统 ID（主键）
ZhanghuMC	varchar	50	账户名称（招商银行信用卡、平安保险）
ZhanghuLX	varchar	50	账户类型，如：借记卡、信用卡、保险、基金等）
ZhanghuRQ	datetime	8	账户日期，信用卡为还款日期，其他为开户日期
ZhanghuYE	money	8	账户余额

3. 基本信息管理模块

该模块包括收支类型录入、银行账户类型录入等基本数据信息的增、删、改、查，操作表 0.9、表 0.10，如图 0.33 和图 0.34 所示。

图 0.33　收支类型

图 0.34　基本信息管理界面

4. 统计分析

该模块针对收入和支出的各类明细，建立不同需求查询，同时进行柱状统计分析等，如图 0.35 所示。

图 0.35　统计查询管理界面

5. 通讯录模块

该模块分组记录同学、家人、朋友等通讯信息，操作通讯记录如表 0.11 所示。通讯录界面如图 0.36 所示。

表 0.11　　　　　　　　　　　　通讯录（Tongxunlu）

字 段 名	类 型	长 度	描 述
TXLBianhao	int	4	系统 ID
XingMing	varchar	50	姓名
ShoujiHM	varchar	50	手机号码
JiatingDH	varchar	50	家庭电话
QQ	int	4	QQ 号码
E-Mail	varchar	50	电子邮件

图 0.36　通讯录界面

第一篇 个人理财软件数据库开发

任务一 个人理财软件数据库的创建与管理

学习情境

后台数据库是对前台页面显示的管理，个人理财软件使用者通过界面操作实现对数据的增、删、改、查，从而完成对整个软件的使用过程，对数据的所有操作都会保存到后台的数据库中。本教材集成了前台的操作界面，拆分后台数据库，学生作为个人理财软件的使用者和开发者，同时站在用户和开发人员的角度，在每个任务中实现数据库的不同功能，最终实现完整的系统。

个人理财软件以 SQL Server 2000 为后台数据库的开发环境，登录是操作软件的第一步，如图 1.1 所示。当前任务是基于登录界面，理解数据库的作用，掌握数据库的创建和管理的方法。在没有创建后台数据库的时候，无法在登录界面输入用户名和密码。因为已有的用户名和密码都是保存在后台数据库的表对象中，目前后台还没有创建数据库，更无法实现表的创建，只能通过登录界面的"配置数据库"进行相应的测试。

点击登录界面的"配置数据库"，显示出下面的对话框，如图 1.2 所示。

图 1.1 个人理财软件登录界面

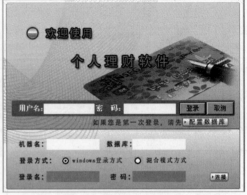

图 1.2 配置数据库界面

在没有创建数据库的情况下，直接单击"连接"，无法连接，如图 1.3 所示。

因为个人理财软件不限制前台的开发语言，只要保证在操作这个软件的计算机上安装了

SQL Server 2000，创建一个用户数据库，在指定的位置输入本机上的 SQL Server 服务器的名称和要创建的数据库的名称。比如当前服务器的名称是"SZIIT-001"，数据库的名称是"gerenlicai"，如图 1.4 和图 1.5 所示。

图 1.3 未创建数据库测试连接的效果

图 1.4 SQL Server 服务管理器

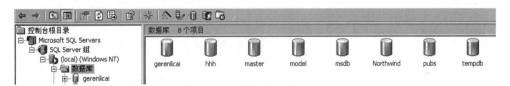

图 1.5 创建的用户数据库

接下来进行登录方式的选择。登录方式有两种，取决于本机 SQL Server 的安装过程，如果在安装过程是 Windows 验证模式，这里就选择"Windows 登录方式"，如果在安装过程，设置的是混和验证模式，并设置了用户名和密码，在这里就选择"混和模式方式"，输入相应的用户名和密码，单击"连接"，提示连接成功。即使这个数据库只有系统数据，还没有添加任何的用户数据库对象及其数据，但前台的操作证明了后台已经成功连接所创建的数据库，如图 1.6 所示。

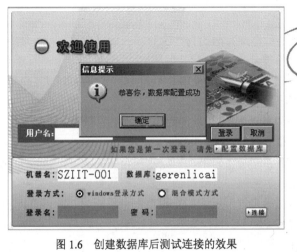

图 1.6 创建数据库后测试连接的效果

用户自行创建的空的数据库就像在 SQL Server 中购置了一块"地皮"，SQL Server 中的建房材料就是数据库对象，即表、视图、存储过程等，这些对象是数据库的构成元素，它们在数据库中各自负责一定的功能，并相互协作，构成数据库这个"楼房"。

本学习情境提出的任务是，在掌握基本知识的前提下，使用不同的方法完成个人理财软件后台数据库的创建和管理。

第一部分 基 本 知 识

1.1 SQL Server 数据库概念

在 SQL Server 中，所有数据库都会直接对应计算机硬盘上的文件。这些文件包括数据库中的数据和事务日志的信息。所以一个数据库至少应包含一个主数据文件和一个事物日志文件。

1.1.1 数据库文件分类

① 主数据库文件（Primary File）：用来存储数据库的启动信息和部分或全部数据。它是所有数据库的起点，不仅包含数据库用户收集的信息，还包含了数据库中所有其他文件的有关信息。每个数据库有且仅有一个主数据库文件，其扩展名为.mdf。

② 辅助数据库文件（Secondary File）：用来存储主数据文件没有存储的其他数据。随着服务器上多个驱动器的使用，增加辅助数据文件的个数可以为数据库增大容量，不是所有的数据库都有辅助数据库文件。但是，如果想要数据库文件延伸到多个物理硬盘上，就需要有辅助数据库文件，其扩展名为.ndf。

③ 事务日志文件（Transaction Log）：用来存储数据库的修改信息。每个数据库至少有一个日志文件，但可以为一个数据库建立多个日志文件，日志文件的扩展名为.ldf。例如使用insert、update、delete 等对数据库进行更改的操作都会记录在此文件中，而如 select 等对数据库内容不会有影响的操作则不会记录在案。

1.1.2 数据库文件组

通常情况下构造的数据库都只有两个文件——mdf 文件和 ldf 文件，这样做有两个缺点。

（1）容易导致文件过大

我们知道 mdf 文件是主数据文件，意味着随着数据库的增大它就会相应地增大。显然在现在的应用中数据膨胀是很常见的事情，然而，Windows 对文件的大小是有要求的，这样很容易出现 mdf 文件超出 Windows 所允许的文件大小的界限（于是数据库就崩溃了）。

（2）没有利用到磁盘阵列

大型的服务器好多都有磁盘阵列，可以把磁盘阵列简单地假想成 n 个一起转动的磁盘。磁盘阵列的设计原是希望通过多个磁盘的串联来得到更大的读写效率。但是如果数据库只有一个 mdf 文件，那么总是只能够利用这个磁盘阵列里面的一个磁盘而已，那样昂贵的磁盘阵列的效率就由串联变成并联了。试想如果能够让 mdf 分散成多个文件，磁盘阵列上的每个磁盘中都分配一个文件，然后把 mdf 中的数据分散到各个文件中，在读取的时候就是串联的读取了，这样就充分利用了磁盘阵列的存取效能。

一个数据库可以使用一个主数据文件和若干个辅助数据文件存储数据，文件是数据库的物理体现，采用多个数据库文件来存储数据的优点体现在以下两个方面。

① 数据库文件可以不断扩充，而不受操作系统文件大小的限制。

② 可以将数据库文件存储在不同的硬盘中，对数据库文件分组，这样可以同时对几个硬盘进行数据读取，提高了数据处理的效率，对于服务器型的计算机尤为有用。

文件组包括分布在多个逻辑分区的文件。文件组允许对文件进行分组，以便于管理和数据的分配、放置，实现负载平衡。例如，可以分别在 3 个磁盘驱动器上创建 3 个文件 Data1.ndf、Data2.ndf 和 Data3.ndf，将它们分配给文件组 fgroup1。然后，可以明确地在文件组 fgroup1 上创建一个表。对表中数据的查询将分散到 3 个磁盘上，从而提高了性能。通过使用在 RAID（独立磁盘冗余阵列）条带集上创建的单个文件也能获得同样的性能提高。但是，文件和文件组的使用能够轻松地在新磁盘上添加新文件。

另外，如果数据库超过单个 Microsoft Windows 文件的最大值，则可以使用辅助数据文件允许数据库继续增长。例如，可以创建一个简单的数据库 Sales，其中包括一个包含所有数据和对象的主数据文件和一个包含事务日志信息的日志文件；也可以创建一个更复杂的数据库 Orders，其中包括一个主数据文件和 5 个辅助数据文件，数据库中的数据和对象分散在所有 6 个文件中。注意：事务日志文件不属于任何文件组。

1.1.3 数据库对象

数据库中的数据按不同的形式组织在一起，构成了不同的数据库对象，如以二维表的形式组合在一起就构成了表对象。当一个用户连接到数据库服务器后，看到的是这些逻辑对象，而不是存放在物理磁盘上的文件。一个数据库对象在磁盘上没有对应的文件。

SQL Server 2000 中包含的数据对象有：表、视图、存储过程、触发器、用户定义的数据类型、用户定义的函数、索引、规则、默认、约束等，如图 1.7 所示。

关系图　　表　　视图　　存储过程　　用户　　角色　　规则　　默认　　用户定义的数据类型　　用户定义的函数

图 1.7　SQL Server 数据库对象

1. 表（table）

数据库中的表与日常生活中使用的表格类似，它也是由行（Row）和列（Column）组成的。列由同类的信息组成，每列又称为一个字段，每列的标题称为字段名。行包括了若干列信息项。一行数据称为一个或一条记录，它表达有一定意义的信息组合。一个数据库表由一条或多条记录组成，没有记录的表称为空表。每个表中通常都有一个主关键字，用于唯一的确定一条记录。

2. 索引（index）

索引是根据指定的数据库表列建立起来的顺序。它提供了快速访问数据的途径，并且可监督表的数据，使其索引所指向的列中的数据不重复。

3. 视图（view）

视图看上去和表似乎一模一样，具有一组命名的字段和数据项，但它其实是一个虚拟的表，在数据库中并不实际存在。视图是由查询数据库表产生的，它限制了用户能看到和修改的数据。由此可见，视图可以用来控制用户对数据的访问，并能简化数据的显示，即通过视图只显示那些需要的数据信息。

4．关系图表（diagram）

关系图表是数据库表之间的关系示意图，利用它可以编辑表与表之间的关系。

5．默认（default）

默认是当在表中创建列或插入数据时，对没有指定其具体值的列或列数据项赋予事先设定好的值。

6．规则（rule）

规则是对数据库表中数据信息的限制。它限定的是表的列。

7．触发器（trigger）

触发器是一个用户定义的 SQL 事务命令的集合。当对一个表进行插入、更改、删除时，这组命令就会自动执行。

8．存储过程（stored procedure）

存储过程是为完成特定的功能而汇集在一起的一组 SQL 程序语句，经编译后存储在数据库中的 SQL 程序。

9．用户（user）

用户是有权限访问数据库的人。

1.2 SQL Server 数据库的系统目录

在装完 SQL Server 2000 数据库后，用企业管理器打开数据库，会发现里面默认安装了 master、model、tempdb、msdb、Northwind、pubs 这 6 个数据库，如图 1.8 所示。下面将对这些数据库的功能一一进行介绍。

图 1.8 SQL Server 系统目录

1．master 数据库

master 数据库记录了 SQL Server 系统的所有系统信息。这些系统信息主要有：

① 所有的登录信息；

② 系统设置信息；

③ SQL Server 初始化信息；

④ 系统中其他系统数据库和用户数据库的相关信息，包括其主数据文件的存放位置等。

2．model 数据库

model 数据库是所有用户数据库和 tempdb 数据库的创建模板。当创建数据库时，系统会将 model 数据库中的内容复制到新建的数据库中去。由此可见，利用 model 数据库的模板特性，通过更改 model 数据库的设置，并将时常使用的数据库对象复制到 model 数据库中，可以大大简化数据库及其对象的创建、设置工作，为用户节省大量的时间。通常，可以将以下内容添加到 model 数据库中：

① 数据库的最小容量；

② 数据库选项设置；

③ 经常使用的数据库对象，如用户自定义的数据类型、函数、规则、缺省值等。

3．tempdb 数据库

tempdb 数据库用作系统的临时存储空间，其主要作用有：

① 存储用户建立的临时表和临时存储过程；

② 存储用户说明的全局变量值；

③ 为数据排序创建临时表；

④ 存储用户利用游标说明所筛选出来的数据。

在 tempdb 数据库中所做的操作不会被记录，因而在 tempdb 数据库中的表上进行数据操作比在其他数据库中要快得多。当退出 SQL Server 时，用户在 tempdb 数据库中建立的所有对象都将被删除。每次 SQL Server 启动时，tempdb 数据库都将被重建，恢复到系统设定的初始状态。因此，千万不要将 tempdb 数据库作为数据的最终存放处。

4．msdb 数据库

msdb 数据库是 SQL Server 中的一个特例。如果查看这个数据库的实际定义，会发现它其实是一个用户数据库。不同之处是 SQL Server 拿这个数据库来做什么。所有的任务调度、报警、操作员都存储在 msdb 数据库中。该库的另一个功能是用来存储所有备份历史，SQL Server Agent 将会使用这个库。

5．Northwind 数据库

Northwind 数据库是为方便用户学习 SQL Server 系统提供的样本数据库。Northwind 数据库包含一个名为 Northwind Traders 的虚构公司的销售数据，该公司从事世界各地的特产食品进出口贸易。

6．pubs 数据库

pubs 数据库是为方便用户学习 SQL Server 系统提供的样本数据库。pubs 数据库以一个图书出版公司为模型，用于演示 SQL Server 数据库中可用的许多选项。该数据库及其中的表经常在文档内容所介绍的示例中使用。

第二部分 基 本 技 能

1.3 创建数据库前需要考虑的因素

创建数据库之前应考虑好数据库的拥有者、初始容量、最大容量、增长速度及数据库文件的存放位置等因素。要创建数据库，用户必须是 sysadmin 或 dbcreator 服务器的成员，或被明确赋予了执行 Create Database 语句的权限。

一个数据库是包含表、视图、存储过程及触发器等数据库对象的容器，在数据库中建立的各种数据库对象都将保存在数据库文件中。每个文件均需要设置 5 个属性。

① 物理名称：文件在计算机硬驱动器上的位置，包括文件的完整的路径。

② 逻辑名称：为文件设置的别名，因为物理名称过于复杂，方便在 SQL 语句中使用。

③ 初始容量：在初始状态，为文件分配的容量。

④ 最大容量：文件的容量按一定速度增长，能够到达的最大值。

⑤ 增长速度：文件的增长速度可以选择不同的方式，可以按比例增长，也可以按 MB（兆字节）增长，或者不设置上限。

1.4　创建个人理财软件数据库

在 SQL Server 2000 中，可以使用企业管理器、Create Database 语句或向导来创建数据库，下面对这 3 种方法分别加以介绍。

1.4.1　使用企业管理器创建

以创建数据库"gerenlicai"为例，介绍在企业管理器中能够通过界面操作完成数据库的创建，然后再通过登录界面的"配置数据库"，测试是否连接成功。

操作步骤如下。

① 启动企业管理器，展开服务器组及指定的服务器，如图 1.9 所示。

② 鼠标右键单击"数据库"节点，在弹出的快捷菜单中选择"新建数据库"命令，弹出"数据库属性"对话框，如图 1.10 所示。

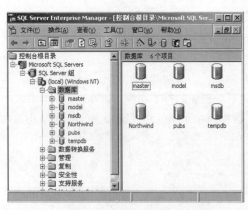

图 1.9　Microsoft SQL Server 企业管理器

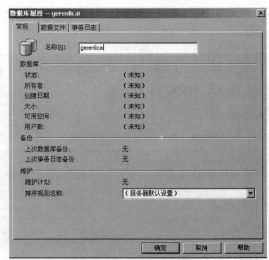

图 1.10　数据库属性

③ "数据库属性"对话框共包括了 3 个选项卡："常规"、"数据文件"和"事务日志"，通过这 3 个选项卡设置新创建的数据库的属性。

a. "常规"选项卡：主要用于设置新建数据库的名称。在"名称"文本框中输入本例要创建的数据库名称"gerenlicai"。

b. "数据文件"选项卡：用于设置数据文件的属性。当在"常规"选项卡中设置了数据库的名称"gerenlicai"以后，SQL Server 2000 系统会默认产生数据文件"gerenlicai_Data.MDF"，同时还显示了文件属性等默认设置，可以根据需要自行修改这些默认设置。如图 1.11 所示，显示了该文件的 5 个属性。

（a）逻辑名称：gerenlicai_Data。

（b）物理名称：C:\Program Files\Microsoft SQL Server\MSSQL\data\gerenlicai_Data.MDF。

（c）初始容量：1MB。

（d）最大容量：默认为"文件增长不受限制"。

（e）增长速度：选择其中的一种增长方式，如"按百分比"增长。

除此之外，可以在当前对话框增加若干个 ndf 文件，以扩充数据库的容量，但要保证 mdf 文件和 ndf 文件在同一个路径下，其他属性可自行设置。

c. "事务日志"选项卡：用于设置日志文件的属性。当在"常规"选项卡中设置了数据库的名称"gerenlicai"以后，SQL Server 2000 系统会默认产生日志文件"gerenlicai_Data.LDF"，同时还显示文件属性等默认设置，可以根据需要自行修改这些默认设置。如图 1.12 所示，显示了该文件的 5 个属性。

图 1.11　数据文件属性的设置

图 1.12　事务日志文件属性的设置

（a）逻辑名称：gerenlicai_Log。

（b）物理名称：C:\Program Files\Microsoft SQL Server\MSSQL\data\gerenlicai_Log.LDF。

（c）初始容量：1MB。

（d）最大容量：默认为"文件增长不受限制"。

（e）增长速度：选择其中的一种增长方式，如"按百分比"增长。

④ 最后单击"确定"按钮即可完成数据库的创建操作。

注意：在 SQL Server 2000 服务器中，数据库名称不允许重复。

1.4.2　使用 create database 创建

在查询分析器中，使用 Transact-SQL 语句完成数据库的创建，数据库中每个文件的属性，都必须采用 SQL 语句进行定义。Create database 语句的完整格式比较复杂，请查看有关参考资料。其常用的语法格式为：

```
create database 数据库名称
 [on [primary]          /数据文件的属性的定义
 {(name=数据文件的逻辑名称,)
   filename='数据文件的物理名称'
   [, size=数据文件的初始容量]
   [, maxsize=数据文件的最大容量]
   [, filegrowth=数据文件的增长速度])[,…n]}
 [log on                /日志文件的属性的定义
 {(name=事务日志文件的逻辑名称,)
 filename='事务日志文件的物理名称'
 [, size=事务日志文件的初始容量]
 [, maxsize=事务日志文件的最大容量]
 [, filegrowth=事务日志文件的增长速度])[,…n]]}
```

【例题 1.1】 使用 create database 语句创建"gerenlicai"数据库，包含一个主数据文件、一个辅助数据文件和一个事务日志文件。主数据文件的逻辑名称为"gerenlicai_Data"，物理名称为"gerenlicai_Data.mdf"，初始容量大小为 10MB，最大容量为 50MB，增长速度为 25%。辅助数据文件的逻辑名称为"gerenlicai_Data1"，物理名称为"gerenlicai_Data1.ndf"，初始容量大小为 5MB，最大容量为 50MB，增长速度为 40%。事务日志文件的逻辑名称为"gerenlicai_log"，物理名称为"gerenlicai_log.ldf"，初始容量为 10MB，最大容量不受限制，增长速度为每次 2MB。要求以上 3 个文件都保存在"D:\"目录中。运行结果如图 1.13 所示。

图 1.13 在查询分析器中创建数据库

```
create database gerenlicai
on primary
(name= gerenlicai_Data, filename='d:\ gerenlicai_Data.mdf',
 size=10MB,
 maxsize=50MB,
 filegrowth=25%),
```

```
(name= gerenlicai_Data1, filename='d:\ gerenlicai_Data1.ndf',
 size=5MB,
 maxsize=50MB,
 filegrowth=40%)
log on
(name= gerenlicai_log, filename='d:\ gerenlicai_log.ldf',
 size=10MB,
 maxsize=unlimited,
 filegrowth=2MB)
go
```

注意：主数据文件属性的定义和辅助数据文件属性的定义之间的"，"不能少，否则会出现语法错误。

1.4.3 使用向导创建

对于初学者，SQL Server 2000 提供了许多向导，通过这些向导可以帮助用户循序渐进地完成各种工作。下面以创建数据库"gerenlicai"为例介绍通过"创建数据库向导"创建数据库的方法，操作步骤如下。

① 启动 SQL Server 企业管理器。

② 在企业管理器中选择"工具"→"向导"命令，弹出"选择向导"对话框，该对话框列出了许多可供使用的向导，展开"数据库"节点，如图 1.14 所示。

③ 选择"创建数据库向导"选项，单击"确定"按钮，进入如图 1.15 所示的向导的欢迎对话框。

图 1.14 选择向导

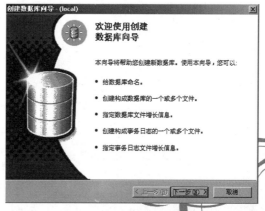

图 1.15 创建数据库向导

④ 直接单击"下一步"按钮，进入如图 1.16 所示的对话框，该对话框用于设置数据库名称、数据库文件位置和事务日志文件位置。

SQL Server 2000 默认的数据库文件和事务日志文件存放在 SQL Server 2000 安装目录的"C:\Program Files\Microsoft SQL Server\MSSQL\data\"子目录下，可以单击右侧的按钮，打开"选择文件的目录"对话框，自行选择存放位置。这里直接在"数据库名称"文本框中输入数据库名称"gerenlicai"，数据库文件和事务日志文件选择默认的存放位置即可。

⑤ 单击"下一步"按钮，进入如图 1.17 所示的对话框，该对话框用于指定数据库文

件的名称及初始大小，如果需要也可以指定多个数据库文件。本例采用默认的文件名及初始大小。

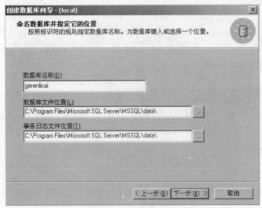 

图 1.16　命名数据库　　　　　　　图 1.17　设置数据文件的逻辑名称和初始容量

⑥ 单击"下一步"按钮，进入如图 1.18 所示的对话框，该对话框用于设置数据库文件的增长方式。

两种数据文件的增长方式可以任选其一。如果选择"数据库文件自动增长"选项，又可以分为两种情况：按照兆字节增长和按照百分比增长。如果按照兆字节增长，增长的幅度默认值为 1MB；如果按照百分比增长，增长的幅度默认值为 10%，这些默认值可以根据需要进行更改。与此同时，还可以设置数据库文件增长是否受限制，不受限制的情况下可以设置文件增长的最大值。本例均采用默认值。

⑦ 单击"下一步"按钮，进入事务日志文件命名的对话框。此对话框的设置同数据库文件的设置方法相同。

⑧ 单击"下一步"按钮，进入事务日志文件的增长方式对话框。此对话框的设置同数据库文件增长方式的设置方法相同。

⑨ 单击"下一步"按钮，进入如图 1.19 所示的对话框，该对话框显示了前面创建数据库时的相关设置，如果需要修改前面的设置可以单击"上一步"按钮，逐步返回所需的操作窗口进行修改，如果确定设置完毕，直接单击"完成"按钮。

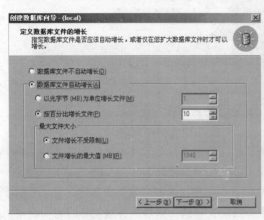 

图 1.18　定义数据库文件的增长　　　　　　图 1.19　完成数据库创建

⑩ 系统自动弹出"数据库创建成功"的提示框，单击"确定"按钮完成数据库的创建。同时系统弹出一个提示框，询问是否为数据库创建维护计划，此处不需要创建维护计划，单击"否"按钮即可。

注意：数据库文件在初始状态下会自动保存在 C 盘指定的路径下，有的机器因设置了硬盘重启自动还原的功能，计算机重启后会导致数据库所有文件的丢失。因此建议在创建数据库时，将数据文件和日志文件存放在数据盘指定的统一路径下。

1.5 个人理财软件数据库管理

1.5.1 查看数据库信息

数据库信息主要包括 3 方面：基本信息、维护信息和空间使用情况。可以使用企业管理器和 sp_helpdb 系统存储过程查看数据库信息。

1. 使用企业管理器查看数据库信息

① 在企业管理器中，依次展开"服务器组"、"服务器"、"数据库"节点，右击要查看信息的数据库名称（例如 gerenlicai 数据库），然后在弹出的快捷选单中，单击"属性"命令，此时将出现数据库属性对话框。

② 在数据库属性对话框中，可以查看数据库信息。单击"常规"、"数据文件"、"事务日志"、"文件组"等选项卡，查看数据库的相应信息，如数据库的所有者、创建日期、大小、用户数等；查看维护信息，一些备份和维护信息；查看空间使用情况，如数据文件和日志文件的空间使用情况，如图 1.20 所示。

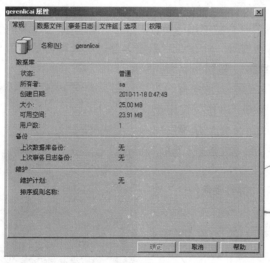

图 1.20　查看数据库属性信息

2. 使用 sp_helpdb 查看数据库信息

在 Transact-SQL 中，存在多种查看数据库信息的语句，最常用 sp_helpdb 系统存储过程来查看数据库信息。其语法格式为：

```
[execute] sp_helpdb [数据库名称]
```

在这个语法格式中，如果省略"数据库名称"可选项，可以查看所有数据库的定义信息，与"select * from sysdatabases"语句的功能完全相同。"execute"可缩写成"exec"，如果这个语句是批处理的第一句，那么它可以省略。关于批处理的概念会在任务六中介绍。

【例题 1.2】 查看所有数据库的信息。代码如下：

```
exec sp_helpdb
```

在查询分析器中输入上述语句，单击"运行"按钮，运行结果如图 1.21 所示。

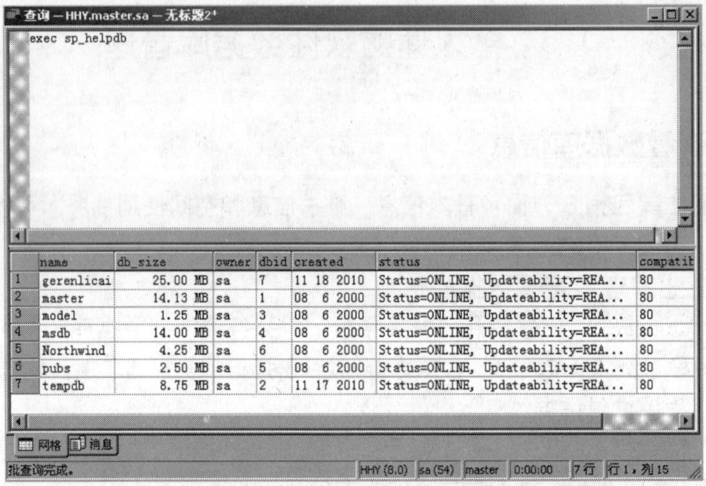

图 1.21 查看所有数据库的信息

1.5.2 设置数据库选项

数据库的选项决定了一个数据库的特性。在一个数据库上设置的选项不会影响其他数据库。可以使用企业管理器或 sp_dboption 系统存储过程两种方法设置数据库选项。

1. 使用企业管理器设置数据库选项

在企业管理器中，依次展开"服务器组"、"服务器"、"数据库"节点，右击要设置选项的数据库（如 gerenlicai），然后从弹出的快捷菜单中选择"属性"命令，选择"选项"选项卡，如图 1.22 所示。

① 限制访问：表示允许特殊用户访问数据库。它有两种类型：db_owner, dbcreator 和 sysadmin 的成员，表示只允许 db_owner, dbcreator 和 sysadmin 的成员访问数据库；单用户表示数据库同一时间仅能被一个用户使用，即前一个用户退出后，下一个用户才能登录。

② 只读：表示数据库中的数据只能读取，而不能修改。

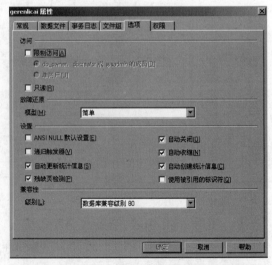

图 1.22 "gerenlicai 属性"对话框"选项"选项卡

③ 自动关闭：表示当最后一个用户退出，SQL Server 将自动关闭该数据库，并释放它

所占的系统资源。

④ 自动收缩：表示当数据库中的数据被大量删除，造成数据库文件中未使用的空间超过 25%，SQL Server 将自动缩小数据库文件直到未使用的空间为 25%或至创建时的大小，缩小后的数据库文件的大小不能小于初始大小。查阅 SQL Server 2000 联机丛书，可以了解更多数据库选项的详细信息。

2. 使用 sp_dboption 设置数据库选项

设置和查看全部数据库选项的方法是在查询分析器中执行系统存储过程 sp_dboption，使用 sp_dboption 设置数据库选项的格式为：

```
[execute] sp_dboption 数据库名称 [, 选项名, 选项值]
```

其中，"选项值"可以为 true 或 false。省略该选项，表示显示数据库中所有设置为 true 的选项。通常各项可以不加引号，若名字不符合命名规则，则必须用单引号引起来。如果想查看所有数据库选项的列表，可以在查询分析器中输入并执行不带任何参数的存储过程执行语句。

【例题 1.3】 将 gerenlicai 数据库设置为单用户状态。代码如下：

```
sp_dboption 'gerenlicai', 'single', 'true'
```

在查询分析器中输入上述语句，然后单击"运行"按钮，即可完成对数据库相应选项的设置。

【例题 1.4】 查看数据库 gerenlicai 所有设置为 true 的选项。代码如下：

```
sp_dboption 'gerenlicai'
```

在查询分析器中，执行该语句，其运行结果如图 1.23 所示。

图 1.23 查看数据库 gerenlicai 设置为 true 的选项

1.5.3 修改数据库

建立一个数据库以后，虽然还没有创建任何的数据库对象，但可以根据需要对该数据库的结构进行修改。修改数据库包括增删数据文件和事务日志文件的个数，修改数据文件和事务日志文件的初始容量、最大容量、增长方式等。修改数据库可以使用企业管理器或 Alter Database 语句两种方式进行。

1. 使用企业管理器修改数据库

① 在企业管理器中，依次展开"服务器组"、"服务器"、"数据库"节点，右击要修改的数据库，在弹出的快捷选单中，单击"属性"命令。

② 此时出现如图 1.24 所示的"gerenlicai 属性"对话框，它包括"常规"、"数据文件"、"事务日志"、"文件组"、"选项"和"权限" 6 个选项卡。

③ 单击"数据文件"或"事务日志"选项卡，在这些选项卡中对文件的初始容量进行相应的修改，也可以重新设置文件的增长方式、最大容量，还可以创建新的文件。

注意：在修改文件的"分配空间"选项时，所改动的值必须大于现有的空间值。如果要通过删除未用空间来缩小数据库文件的容量，需要先选择缩小的数据库，然后在"收缩数据库"对话框中改变其容量值，如图 1.25 所示。

图 1.24 使用"数据库属性"对话框修改数据库

图 1.25 "收缩数据库"对话框

2. 使用 alter database 修改数据库

通过在查询分析器中执行 alter database 语句修改数据库的各属性，包括添加或删除文件、文件组，修改文件、文件组的属性等。Alter database 语句常用的语法格式如下：

```
alter database 数据库名称
  add file <文件格式> [to filegroup 文件组]
  | add log file<文件格式>
  | remove file 逻辑名称
  | add filegroup 文件组名
  | remove filegroup 文件组名
  | modify file<文件格式>
  | modify filegroup 文件组名 文件组属性
```

其中，"<文件格式>"的格式为：

```
(name=数据文件的逻辑名称,
[, filename=' 数据文件的物理名称']
[, size=数据文件的初始大小]
```

```
[, maxsize=数据文件的最大容量| unlimited]
[, filegrowth=数据文件的增长量])
```

在上述语法格式中，"|"表示几项中仅选一项；add file 子句指定要添加一个文件；to filegroup 子句指定将文件添加到哪个文件组中；add log file 子句指定增加一个事务日志文件；remove file 子句从数据库中删除一个数据文件；add filegroup 子句指定要添加一个文件组；remove filegroup 子句指定从数据库中删除一个文件组；modify file 或 modify filegroup 子句指定修改数据库文件或文件组属性。

【例题 1.5】 基于现有的 gerenlicai 数据库，使用 Alter Database 语句向该数据库中添加一个文件组 licaigr1，添加一个数据文件 gerenlicai2_data.ndf，并将数据文件 gerenlicai2_data.ndf 添加到 licaigr1 文件组中。代码如下：

```
/向数据库中添加文件组
alter database gerenlicai
 add filegroup licaigr1
go
/将数据文件gerenlicai2_data.ndf添加到licaigr1文件组中
alter database gerenlicai
 add file(name=gerenlicai2_data, filename='d:\gerenlicai2_data.ndf') to filegroup
licaigr1
go
/查看数据库信息
execute sp_helpdb gerenlicai
go
```

运行结果如图 1.26 所示。

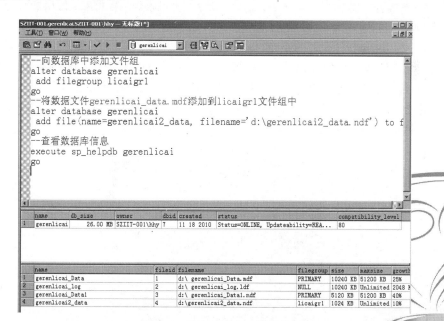

图 1.26 修改 gerenlicai 数据库

1.5.4 删除数据库

当不再需要一个数据库时，可以把它从 SQL Server 中删除。删除一个数据库会删除该数据库中的所有对象，从而释放该数据库所占用的磁盘空间。当数据库处于正在使用、正在被恢复和正在参与复制 3 种状态之一时，不能删除该数据库。删除数据库可以使用企业管理器，也可以使用 drop database 语句。

1. 使用企业管理器删除数据库

在快捷菜单中，选择"删除"命令，单击"确定"按钮，即完成数据库的删除操作，如图 1.27 所示。

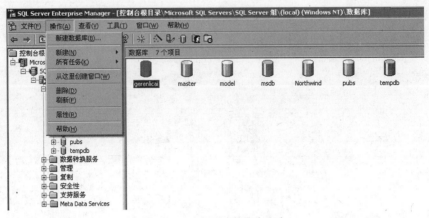

图 1.27　选择删除数据库命令

2. 使用 drop database 命令删除数据库

通过在查询分析器中执行 drop database 命令，也可以删除数据库。使用 drop database 命令删除数据库的格式为：

```
drop database 数据库名称[, ...n]
```

在删除数据库之前，要确认被删除的数据库在用 drop database 命令删除时不再出现提示信息，一经删除就不能恢复。格式中的 n 选项表示一次可以删除多个数据库。

【例题 1.6】 用 drop database 命令删除 gerenlicai 数据库。运行结果如图 1.28 所示。

```
drop database gerenlicai
```

图 1.28　删除数据库的运行结果

注意：如果要删除的数据库正在被其他用户使用，需要先断开服务器与用户的连接，然后删除数据库。

第三部分 自学拓展

1.6 数据模型

1. 概念模型与 E-R 方法

为了把现实世界中的具体事物进行抽象，人们常常首先把现实世界抽象为信息世界，然后再将信息世界转化为机器世界。在把现实世界抽象为信息世界的过程中，实际上是抽象出现实系统中有应用价值的元素及其关联。这时所形成的信息结构是概念模型。在抽象出概念模型后，再把概念模型转换为计算机上某一 DBMS（数据库管理系统）支持的数据模型。需要一种方法能够对现实世界的信息进行描述。

实体–联系方法（即 E-R 方法）是 P.P.S.Chen 于 1976 年提出的，这种方法由于简单、实用，所以得到了非常普遍的应用，也是目前描述概念模型最常用的方法。它使用的工具称作 E-R 图，它所描述的现实世界的信息结构称为企业模式，也把这种描述结果称为 E-R 模型。下面概述一下 E-R 方法的要点。

① 用矩形框表示实体，框内写上实体名。

② 用椭圆框表示实体的属性，框内写上属性名，并用线段连到相应的实体。

③ 用菱形框表示实体间的联系，在框内写上联系名，用线段连接菱形框与矩形框，在线段旁注上联系的类型（一对一、一对多、多对多）。如联系也具有属性，则把属性和菱形框用线段连上，如图 1.29 所示。

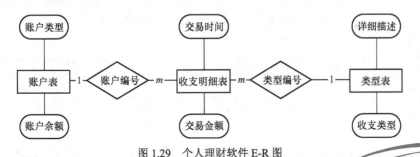

图 1.29　个人理财软件 E-R 图

E-R 图是抽象描述现实世界的有力工具，它与计算机所支持的数据模型相独立，它更接近于现实世界。虽然现实世界丰富多彩，各种信息十分繁杂，但用 E-R 图可以很清晰地表示出其中的错综复杂关系。

2. 结构数据模型

数据库管理系统总是基于某种数据模型的，根据 DBMS 的不同，数据模型可以分为 3 种：层次模型（Hierarchical Model）、网状模型（Network Model）和关系模型（Relation Model）。

（1）层次模型

该模型类似于倒置树型的父子结构，它构成层次结构。一个父表可以有多个子表，而一个子表只能有一个父表，如图 1.30 所示。层次模型的优点是数据结构类似金字塔，不同层次之间的关联性直接而且简单；缺点是，由于数据纵向发展，横向关系难以建立，数据可能会重复出现，造成管理维护的不便。

（2）网状模型

该模型克服了层次模型的一些缺点，也使用倒置树型结构。与层次结构不同的是，网状模型的结点间可以任意发生联系，能够表示各种复杂的联系，如图 1.31 所示。网状模型的优点是可以避免数据的重复性；缺点是关联性比较复杂，尤其是当数据库变得越来越大时，关联性的维护会非常复杂。

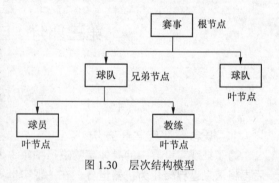

图 1.30　层次结构模型

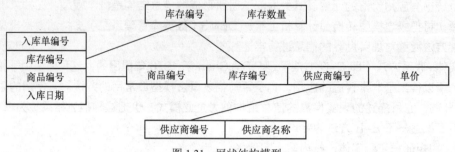

图 1.31　网状结构模型

（3）关系模型

该模型突破了层次模型和网状模型的许多局限。关系是指由行与列构成的二维表。在关系模型中，实体和实体间的联系都是用关系表示的。也就是说，二维表格中既存放着实体本身的数据，又存放着实体间的联系。关系不但可以表示实体间一对多的联系，通过建立关系间的关联，也可以表示多对多的联系。表 1.1 所示为关系结构模型。

表 1.1　　　　　　　　　　　　关系结构模型

编　号	姓　名	参加工作时间	电　话
1001	王国政	2003-5-6	69854854
1002	杨陵	2003-6-9	85641253
1003	张三	2003-12-12	89653254
1004	王东	2004-1-9	13356894585
1005	李惠	2004-3-25	12856985648
1006	王方	2004-4-26	13565859875
1007	王小朋	2004-11-26	13659875485
1008	王吴	2005-1-1	80302654

关系模型概念清晰、结构简单，实体、实体联系和查询结果都采用关系表示，用户比较容易理解。另外，关系模型的存取路径对用户是透明的，程序员不用关心具体的存取过程，减轻了程序员的工作负担，具有较好的数据独立性和安全保密性。关系模型也有一些缺点，在某些实际应用中，关系模型的查询效率有时不如层次和网状模型。为了提高查询的效率，有时需要对查询进行一些特别的优化。

3．数据模型的三要素

数据模型通常由数据结构、数据操作和数据的约束条件 3 部分组成。

（1）数据结构

数据结构是所研究的对象类型的集合，在数据库系统中通常按照数据结构的类型来命名数据模型，如层次结构、网状结构和关系结构的模型分别命名为层次模型、网状模型和关系模型。

（2）数据操作

数据操作是指对数据库中各种对象（型）的实例（值）允许执行的操作的集合，包括操作及有关的操作规则。数据操作是用来描述系统的信息变化的，是对系统动态特性的描述。数据操作的种类有两种：检索（如查询）和更新（增、删、改）。

（3）数据的约束条件

数据的约束条件是完整性规则的集合，完整性规则是给定的数据模型中数据及其联系所具有的制约和依存规则，用以限定符合数据模型的数据库状态及状态的变化，以保证数据的正确、有效和相容。

第四部分 基 本 训 练

一、选择题

1. 一个仓库可以存放多种产品，一种产品只能存放于一个仓库中。仓库与产品之间的联系类型是（ ）。

A. 一对一的联系　　B. 多对一的联系　　C. 一对多的联系　　D. 多对多的联系

2. 概念数据模型依赖于哪个数据库管理系统（ ）。

A. DB2　　　　　　　　　　　　　　B. MSSQL Server

C. Oracle　　　　　　　　　　　　　D. 不依赖于任何数据库管理系统

3. 以下论述中正确的是（ ）。

A. 多对多的联系总是可以转换成两个一对多的联系。

B. Access 是数据库管理系统。

C. 数据的 3 种范畴包括现实世界阶段、虚拟世界阶段、信息世界阶段。

D. 我们通常所说的数据仓库就是指数据仓库。

4. 不属于传统数据模型的是（ ）。

A. 层次数据模型　　B. 网状数据模型　　C. 关系数据模型　　D. 面向对象数据模型

5. 在 SQL Server 中，不是对象的是（ ）。

A. 用户　　　　　　B. 数据　　　　　　C. 表　　　　　　D. 数据类型

6. 以下论述不正确的是（ ）。

A. distribution 数据库是系统数据库。

B. 企业管理器与查询分析器都是客户端工具。

C. SQL Server 2000 可以安装到 Windows 2000、Windows XP、Windows NT 系统上。

D. SQL Server 支持的 SQL 命令集称为 T_SQL，它是完全符合 ANSII SQL92 标准的。

7. 以下论述正确的是（ ）。

A. 在建立数据库的时候，SQL Server 是可以创建操作系统文件及其目录路径。

B. 数据库中有一些 sys 开头的系统表，用来记录 SQL Server 组件、对象所需要的数据，这些系统表全部存放在系统数据库中。

C. sys 开头的系统表中的数据用户不能直接修改，但可以通过系统存储过程、系统函数进行改动、添加。

D. 12AM 是中午，12PM 是午夜。

8. 关于 SQL Server 2000 安装命名实例时，不正确的描述是（　　　）。

A. 最多只能用 16 个字符。

B. 实例的名称是区分大小写。

C. 第一个字符只能使用文字、@、_和#符号。

D. 实例的名称不能使用 Default 或 MSSQL Server 这两个名字。

9. 不是 SQL Server 服务器组件的是（　　　）。

A. 升级工具（Update Tools）　　　　　　B. 复制支持（Replication Support）

C. 全文搜索（Full-Text Search）　　　　D. Profiler

10. （　　　）是长期存储在计算机内的有组织、可共享的数据集合。

A. 数据库管理系统　　B. 数据库系统　　　C. 数据库　　　　　　D. 文件组织

11. 数据库系统不仅包括数据库本身，还要包括相应的硬件、软件和（　　　）。

A. 数据库管理系统　　　　　　　　　　　B. 数据库应用系统

C. 相关的计算机系统　　　　　　　　　　D. 各类相关人员

12. 在文件系统阶段，数据（　　　）。

A. 无独立性　　　　　B. 独立性差　　　　C. 具有物理独立性　D. 具有逻辑独立性

13. 数据库系统阶段，数据（　　　）。

A. 具有物理独立性，没有逻辑独立性

B. 具有物理独立性和逻辑独立性

C. 独立性差

D. 具有高度的物理独立性和一定程度的逻辑独立性

14. （　　　）属于信息世界的模型，是现实世界到机器世界的一个中间层次。

A. 数据模型　　　　　B. 概念模型　　　　C. E-R 图　　　　　　D. 关系模型

15. 数据库系统软件包括 DBMS 和（　　　）。

A. 数据库　　　　　　　　　　　　　　　B. 高级语言

C. OS　　　　　　　　　　　　　　　　　D. 数据库应用系统和开发工具

16. 概念结构设计阶段得到的结果是（　　　）。

A. 数据字典描述的数据需求　　　　　　　B. E-R 图表示的概念模型

C. 某个 DBMS 所支持的数据模型　　　　　D. 包括存储结构和存取方法的物理结构

17. 一个 $m:n$ 联系转换为一个关系模式，关系的码为（　　　）。

A. 某个实体的码　　　　　　　　　　　　B. 各实体码的组合

C. n 端实体的码　　　　　　　　　　　　D. 任意一个实体的码

18. 现有关系：学生（学号、姓名、课程号、系号、系名、成绩），为消除数据冗余，至少需要分解为（　　　）。

A. 1 个表　　　　　　B. 2 个表　　　　　C. 3 个表　　　　　　D. 4 个表

19. （　　　）是位于用户和操作系统之间的一层数据管理软件。数据库在建立、使用和维护时由其统一管理、统一控制。

A. DBMS　　　　　　B. DB　　　　　　　C. DBS　　　　　　　D. DBA

20. 在以下系统自带的几个数据库中，可以删除的是（　　）。

A. master、tempdb　　　　　　　　　　　B. model、msdb

C. pubs、Northwind　　　　　　　　　　D. Northwind、tempdb

21. 下列哪一个数据库不是 SQL Server 2000 的系统数据库（　　）。

A. master 数据库　　　　　　　　　　　B. msdb 数据库

C. pubs 数据库　　　　　　　　　　　　D. model 数据库

22. 新安装 SQL Server 后，默认有 6 个内置的数据库，其中的两个范例数据库是 pubs 和（　　）。

A. master　　　　　B. Northwind　　　　　C. msdb　　　　　D. bookdb

23. SQL Server 的字符型系统数据类型主要包括（　　）。

A. int、money、char　　　　　　　　　　B. char、varchar、text

C. datetime、binary、int　　　　　　　　D. char、varchar、int

二、填空题

1. 数据管理经历了_____阶段、_____阶段到_____阶段的变迁。

2. 实体之间联系的基本类型有_____、_____、_____。

3. 在 E-R 图中，用_____表示实体，用_____表示联系，用_____表示属性。

4. 数据库的 3 层模式结构是_____、_____、_____。

5. 关系模型中一般将数据完整性分为 3 类：_____、_____、_____。

6. SQL Server 是一种支持_____体系结构的关系数据库管理系统。

7. 用来存储数据库数据的操作系统文件主要有两类：_____、_____。

8. SQL Server 基本的数据存储的最小单位是_____，其大小为_____KB。

9. 一种数据模型的特点是：有且仅有一个根节点，根结点没有父节点；其他节点有且仅有一个不是父节点。则这种数据模型是_____。

10. 能唯一标识一个元组的属性或属性组称为_____。

11. 数据字典中的_____是不可再分的数据单位。

三、简答题

1. SQL Server 2000 的常见版本有哪些？各自的应用范围有哪些？

2. SQL Server 的主要特点是什么？

3. SQL Server 有哪几种系统数据库？它们的功能是什么？

4. 简要说明 Transact-SQL 的特点及组成。

5. 试比较文件系统和数据库系统的特点。

6. DBA 的主要职责是什么？

任务二 个人理财软件数据的生成

学习情境

SQL Server 是通过数据库来管理所有信息的。任务一中完成了数据库的创建，在数据库中，用户真正关心并实际访问的数据则分门别类地存储在各个表中。表是一种最重要的数据库对象，在 SQL Server 中执行的许多操作都是围绕表进行的，比如用户针对数据的增、删、改、查，表的设计是基础，对系统的执行效率有关键性的影响。因此，表的操作及其应用在 SQL Server 中尤其重要。

但是，要注意权限问题，在默认情况下，只有系统管理员或数据库所有者可以创建表，当然，系统管理员或数据库所有者也可以授权他人来完成创建表的工作。

操作个人理财软件首先进入登录界面，如图 2.1 所示。

完成数据库的配置，表示连接服务器成功，如图 2.2 所示。

图 2.1 登录界面

然后进入登录界面，需要输入用户名和密码才能够进入系统，完成相应的操作。如果直接单击"登录"按钮，会出现如图 2.3 所示的提示信息。

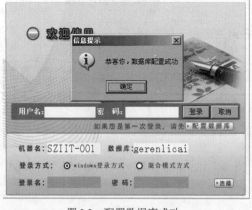

图 2.2 配置数据库成功

图 2.3 不输入用户名和密码直接登录

有效的用户名和密码是保存在数据库的表中的，首先需要由系统管理员或数据库所有者在数据库中创建用户信息表 YonghuXX，如图 2.4 所示。将有效的用户名和密码录入到用户信息表中，如图 2.5 所示。通过程序实现在人机交互界面的正常登录，能够正常进入系统，如图 2.6 所示。

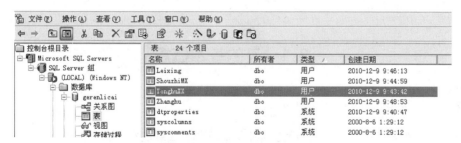

图 2.4 创建用户信息表 YonghuXX

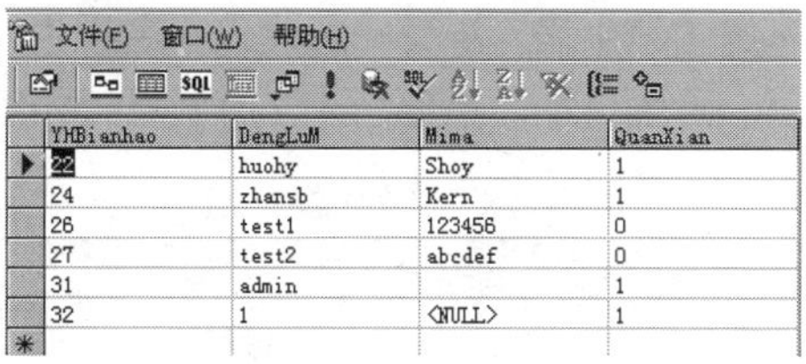

图 2.5 有效的用户名和密码

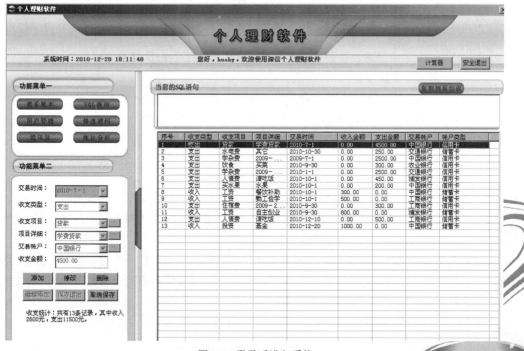

图 2.6 登录后进入系统

　　创建数据库后，需要把数据录入到数据库中，通过前台实现对数据的有效操作。而数据库中所有的数据是保存在表对象中，因此下一步需要完成表的创建和管理。

第一部分 基 本 知 识

2.1 表的基本概念

2.1.1 表的定义

表是包含数据库中所有数据的数据库对象，是相互关联的行列集合，是按照行列存储数据的，是数据库中最重要的数据库对象。描述一个个体属性的总和称为一条记录。个体可以是人，也可以是物，甚至可以是一个概念。描述个体的一个属性称为一个字段，也称数据项。例如，在包含学生基本信息的"学生表"中每一行代表一名学生，各列分别表示学生的详细资料，如学号、姓名、性别、出生日期、系部、入学时间等，如表 2.1 所示。

表 2.1　　　　　　　　　　　　　　　学生表

学　　号	姓　　名	性　　别	出 生 日 期	系　　部	入 学 时 间
000101	张三	男	1980	计算机	2000
000201	李四	女	1981	经济管理	2000
010101	王五	男	1982	数学	2001

表中字段存储着不同性质的数据，事实上，结构和数据是表的两大组成部分。字段决定了表的结构，记录组成了表的数据。

在 SQL Server 中创建表有如下限制，在操作过程中不能违反其操作规则。

① 每个数据库中最多有 20 亿个表。

② 每个表最多可以创建 1 个聚集索引，249 个非聚集索引。

③ 每个表最多可以设置 1 024 个字段。

④ 每条记录最多占 8 060 字节，但不包括 text 字段和 image 字段。

2.1.2 数据类型

定义表的一个重要工作就是为表中的数据列选定适当的数据类型，数据类型确定后，它将作为一项永久的特性被保留下来，一般不再改变。所以，精心选择表列的数据类型是建立性能良好的表格的前提。

数据类型是用来表现数据的特征的，它决定了数据的存储格式、存储长度以及数据的精度和小数位等属性。数据库中存储的数据各种各样，其中表中的每列数据必须是同一种类型的数据，数据类型决定了该列数据的取值范围。

SQL Server 提供了丰富的数据类型，按照处理对象的不同，可以分为 11 大类，如表 2.2 所示。

表 2.2　　　　　　　　　　　　　SQL Server 提供的数据类型

分　　类	数 据 类 型
整数数据类型	int、smallint、tinyint、bigint
浮点数据类型	real、float、decimal、numeric
字符数据类型	char、nchar、varchar、nvarchar

续表

分　类	数据类型
日期时间数据类型	datetime、smalldatetime
文本和图像数据类型	text、ntext、image
货币数据类型	money、smallmoney
位数据类型	bit
二进制数据类型	binary、varbinary
特殊数据类型	timestamp、uniqueidentifier
新增数据类型	sql_variant、table
用户自定义数据类型	sysname

1. 整数数据类型

整数数据类型是最常用的数据类型之一，可以细分成 4 种类型，注意每种类型所占的字节空间和取值范围。

（1）int

int 数据类型可以存储-2^{31}（−2 147 483 648）～$2^{31}-1$（2 147 483 647）的整数。存储到数据库的几乎所有数值型的数据都可以用这种数据类型。这种数据类型在数据库里占用 4 个字节空间。

（2）smallint

smallint 数据类型可以存储-2^{15}（−32 768）～$2^{15}-1$（32 767）的整数。这种数据类型对存储一些常限定在特定范围内的数值型数据非常有用。这种数据类型在数据库里占用 2 个字节空间。

（3）tinyint

tinyint 数据类型能存储从 0～255 的整数。它只在存储有限数目的数值时很有用。这种数据类型在数据库中占用 1 个字节空间。

（4）bigint

bigint 数据类型可以存储从-2^{63}（−9 223 372 036 854 775 808）～$2^{63}-1$（9 223 372 036 854 775 807）的所有正负整数。每个 bigint 类型的数据占用 8 个字节空间。

2. 浮点数据类型

浮点数据类型用于存储十进制小数，采用"只入不舍"的方式。例如，对 3.141 592 635 897 9 保留两位小数时，结果为 3.15。由于浮点数的这种特性，一般在货币运算上不使用它，但科学计算或统计计算等不要求绝对精确的运算场合使用浮点数据类型比较方便。

① real：占用 4 个字节的存储空间，最大 7 位精确位数。

② float：可以精确到第 15 位小数，默认占用 8 个字节的存储空间。float 数据类型也可以写为 float（n）的形式，n 为 1～15 的整数值。当 n 取 1～7 时，系统用 4 个字节存储它；当 n 取 8～15 时，用 8 个字节存储它。

③ decimal 和 numeric：可以提供小数所需的实际存储空间，可以用 2～17 个字节来存储。也可以将其写为 decimal（p，s）的形式。注意：数值类型的总位数不包括小数。例如：decimal（10，5），表示共有 10 位数，其中整数 5 位，小数 5 位。

3. 字符数据类型

字符数据类型用来存储各种字母、数字符号和特殊符号，在使用时需要在其前后加上英文单引号或者双引号。

① char：占用 1 个字节。其定义形式为：char（n）。n 的取值为 1～8 000。默认 n 的值为 1。

② varchar：可以存储长达 8 000 个字符的可变长度字符串，和 char 类型不同，varchar 类型根据输入数据的实际长度而变化。其定义形式为 varchar（n）。

③ nchar：采用 Unicode（统一字符编码标准）字符集，每个 Unicode 字符用两个字节为一个存储单位。其定义形式为 nchar（n）。

④ nvarchar：使用 Unicode 字符集的 varchar 数据类型，其定义形式为 nvarchar（n）。

4．日期和时间数据类型

① datetime：占用 8 个字节。用于存储日期和时间的结合体，可以存储公元 1753 年 1 月 1 日 0 时～公元 9999 年 12 月 31 日 23 时 59 分 59 秒的所有日期和时间，其精确度可达 1/300s，即 3.33ms。

默认的格式是：MM DD YYYY hh:mm A.M/P.M。当插入数据或者在其他地方使用 datetime 类型时，需要用单引号把它括起来。默认 January 1,1900 12:00 A.M。可以接受的输入格式如下：Jan 4 1999、JAN 4 1999、January 4 1999、Jan 1999 4、1999 4 Jan 和 1999 Jan 4。datetime 数据类型允许使用/、–和.作为不同时间单位间的分隔符。

② smalldatetime：占用 4 个字节。存储 1900 年 1 月 1 日～2079 年 6 月 6 日的日期。

5．文本和图像数据类型

① text：容量为 $2^{31}-1$ 个字节。在定义 text 数据类型时，不需要指定数据长度，SQL Server 会根据数据的长度自动为其分配空间。

② ntext：采用 Unicode 标准字符集，用于存储大容量文本数据。其理论上的容量为 $2^{30}-1$（1 073 741 823）个字节。

③ image：用于存储照片、目录图片或者图画，其理论容量为 $2^{31}-1$（2 147 483 647）个字节。

6．货币数据类型

① money：用于存储货币值，数值以一个正数部分和一个小数部分存储在两个 4 字节的整型值中，存储范围为–922 337 213 685 477.580 8 ～922 337 213 685 477.580 8，精度为货币单位的万分之一。

② smallmoney：其存储范围为–214 748.346 8～214 748.346 7。当为 money 或 smallmoney 的表输入数据时，必须在有效位置前面加一个货币单位符号（如$或其他货币单位的记号）。

7．位数据类型

bit 称为位数据类型，有两种取值：0 和 1。如果一个表中有 8 个或更少的 bit 列时，用 1 个字节存放。如果有 9～16 个 bit 列时，用 2 个字节存放。在输入 0 以外的其他值时，系统均把它们当 1 看待。

8．二进制数据类型

① binary：其定义形式为 binary（n），数据的存储长度是固定的，即 $n+4$ 个字节。二进制数据类型的最大长度（即 n 的最大值）为 8 000，常用于存储图像等数据。

② varbinary：其定义形式为 varbinary（n），数据的存储长度是变化的，它为实际所输入数据的长度加上 4 字节。

在输入二进制常量时，需在该常量前面加一个前缀 0x。

9．特殊数据类型

① timestamp：也称作时间戳数据类型。它是一种自动记录时间的数据类型，主要用于在数据表中记录其数据的修改时间。它提供数据库范围内的唯一值。

② uniqueidentifier：也称作唯一标识符数据类型。uniqueidentifier 用于存储一个 16 字节长的二进制数据类型，它是 SQL Server 根据计算机网络适配器地址和 CPU 时钟产生的全局唯一标识符代码（Globally Unique Identifier，GUID）。

10．新增数据类型

① sql_variant：用于存储除文本、图形数据和 timestamp 类型数据外的其他任何合法的 SQL Server 数据。

② table：用于存储对表或者视图处理后的结果集。

11．用户自定义数据类型

用户自定义数据类型不是真正的数据类型，也不是数据库对象，它只是提供了一种加强数据库内部元素和基本数据类型之间一致性的一种机制。通过使用用户自定义数据类型可以简化对常用规则和默认值的管理。sysname 数据类型是一个定义为 nvarchar（128）的数据类型。

图 2.7　创建用户自定义数据类型

（1）使用企业管理器创建

① 在企业管理器选择要创建用户自定义数据类型的数据库，在数据库对象"用户自定义数据类型"上单击鼠标右键，从弹出的快捷菜单中选择"新建数据类型"命令，出现如图 2.7 所示的对话框。

② 在对话框中指定要定义的数据类型的名称、继承的系统数据类型、是否允许为 null 值等属性。单击"确定"按钮，即会添加自定义数据类型对象到数据库中。

（2）利用系统存储过程创建

```
sp_addtype [@typename=] type,
[@phystype=] system_data_type
[, [@nulltype=] 'null_type']
[, [@owner=] 'owner_name']
```

① type：指定用户定义的数据类型的名称。

② system_data_type：指定相应的系统提供的数据类型的名称及定义。注意，不能使用 timestamp 数据类型，当所使用的系统数据类型有额外说明时，需要用引号将其括起来。

③ null_type：指定用户自定义数据类型的 null 属性，其值可以为 null、not null 或者 nonull。默认与系统默认的 null 属性相同。

④ owner_name：指定用户自定义数据类型的所有者。

2.1.3　约束

约束是指派给表列的属性，用于防止某些类型的无效数据值放置在该列中。例如，unique 或 primary key 约束防止插入重复的当前值，check 约束防止插入与搜索条件不匹配的值，而 not null 防止插入 null 值。

　　约束是 SQL Server 提供的自动保持数据库完整性的一种方法。数据库的完整性约束是设计数据库的核心内容，一个数据库的完整性约束设计，直接影响到这个数据库的性能，同时也会影响数据库的开发。因此，一个好的数据库需要严格考虑其完整性约束，从数据库完整性的角度出发，分析数据库完整性约束的分类及实现完整性约束的方法，从而实现对数据库的保护。约束共有以下6种。

1. 主键约束（primary key）

　　主键是表中的一列或一组列，它们的值可以唯一地标识表中的每一行。在创建和修改表时，可以定义主键约束。主键列的值不允许为空。

　　一个表只能有一个主键并且主键中的列也不能接受 null 值。

　　当在表中定义了一个主键时，SQL Server 就会为主键列创建一个唯一索引以维护数据的唯一性。这个索引使得再用主键查询时可以达到较快的访问速度。

　　向一个已存在的表中添加主键约束时，SQL Server 将检查表中该列的数据以保证这些数据满足主键的规则：

　　① 没有 null 值；

　　② 没有重复的数值。

　　如果这两个条件中有一个不满足的话，SQL Server 将返回一个错误，并且不会创建主键约束。

　　（1）使用企业管理器创建 primary key

　　① 打开企业管理器，依次展开"服务器组"、"服务器"、"数据库"节点，选择某个表，打开表设计器。

　　② 右击要设置主键的列，如学号字段，然后在弹出的快捷菜单选择"设置主键"。如图 2.8 所示，设置完成后，学号字段前会有一个钥匙样的图标。

图 2.8　设置主键约束操作

　　（2）使用查询分析器创建 primary key

　　除了在企业管理器中设置主键约束外，也可以通过在 create table 语句中添加一个 primary key 子句来设置主键约束，操作实例如下。

　　【例题 2.1】　在 gerenlicai 数据库中创建一个"学生表"，包括"学号"和"姓名"两个字段，在学号字段设置主键约束。

```
CREATE TABLE 学生表
(学号 VARCHAR(20) PRIMARY KEY,
    姓名 VARCHAR(10) NOT NULL)
```

2. 唯一约束（unique）

唯一约束用于指定一个或多个列的组合值具有唯一性，以防止在列中输入重复的值。

① 使用唯一性约束的字段允许为空值。

② 一个表中可以允许有多个唯一性约束。

③ 可以把唯一性约束定义在多个字段上。

④ 唯一性约束用于强制在指定字段上创建一个唯一性索引。

⑤ 默认情况下，创建的索引类型为非聚集索引。

尽管 unique 约束和 primary key 约束都强制唯一性，但在强制下面的唯一性时，应使用 unique 约束而不是 primary key 约束。一个表可以定义多个 unique 约束，而只能定义一个 primary key 约束。允许空值的列上可以定义 unique 约束而不能定义 primary key 约束。

（1）使用企业管理器创建 unique

① 在企业管理器中，选择要设置唯一约束的表，打开表设计器。

② 选中要设置唯一约束的字段单击右键，打开"属性"对话框，选择"索引/键"选项卡，如图 2.9 所示。

③ 在"索引/键"选项卡中，单击"新建"按钮，在"列名"下拉列表框中选择要设置唯一约束的列，选中"创建 UNIQUE"复选框和"约束"单选框，同时在"索引名"文本框输入唯一约束的名称或接受默认名称。单击"关闭"按钮，即完成唯一约束的设置，如图 2.10 所示。

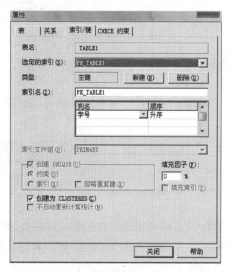

图 2.9　设置唯一约束

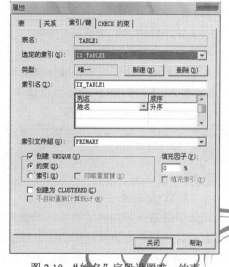

图 2.10　"姓名"字段设置唯一约束

（2）使用查询分析器创建 unique

除了在企业管理器中设置唯一约束外，也可以通过在 create table 语句中添加一个 unique 子句来设置唯一约束，操作实例如下。

【例题 2.2】 在 gerenlicai 数据库中创建一个"学生表"，包括"学号"和"姓名"两个字段，在姓名字段设置唯一约束。

```
CREATE TABLE 学生表
(学号 VARCHAR(20) PRIMARY KEY,
 姓名 VARCHAR(10) UNIQUE )
```

3．检查约束（check）

check 约束通过限制输入到列中的值来保证数据库数据的完整性。例如：通过创建 check 约束可将 salary 列的取值范围设为\$15 000～\$100 000，从而防止输入的薪金值超出正常的薪金范围。

① check 约束指定表中一列或多列可以接受的数据值或格式。例如，表"学生"中的"入学成绩"列的值应该大于或等于 0。

② 一个表中可以定义多个检查约束。

③ 每个 create table 语句中每个字段只能定义一个检查约束。

④ 当执行 Insert 语句或者 update 语句时，检查约束将验证数据。

⑤ 检查约束中不能包含子查询。

（1）使用企业管理器创建 check

① 在企业管理器中，打开要操作的表格，打开表设计器，单击鼠标右键选择"属性"窗口，选择"check 约束"选项卡。

② 单击"新建"按钮，为所选取的表创建一个 check 约束，在"约束表达式"框中输入一个条件表达式，如图 2.11 所示。

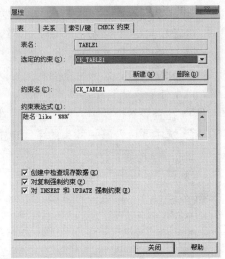

图 2.11　设置 check 约束

（2）使用查询分析器创建 check

除了在企业管理器中设置 check 约束外，也可以通过在 create table 语句中添加一个 check 子句来设置检查约束，操作实例如下。

【例题 2.3】 在 gerenlicai 数据库中创建一个"学生表"，包括"学号"、"姓名"和成绩字段，在成绩字段设置检查约束。

```
CREATE TABLE 学生表
(学号 VARCHAR(20) PRIMARY KEY,
 姓名 VARCHAR(10) NOT NULL,
 成绩  INT CHECK(成绩>0) )
```

4．默认值约束（default）

记录中的每一列均必须有值，即使它是 null。有时候可能会出现这样的情况，在向表中装载新行时可能不知道某一列的值，或该值尚不存在。如果该列允许为空，就可以将该行赋予空值。如果不希望有为空的列，更好的解决办法是为该列定义 default 约束。

默认值约束可以为指定列定义一个默认值。在输入数据时，如果没有输入该列的值，则将该列的值设置为默认值。每个字段只能定义一个默认约束。例如：通常将数字型列的默认值指定为零，将字符串列的默认值指定为暂缺。如果列不允许为空且没有定义 default 约束，就必须明确指定列值，否则 SQL Server 会返回错误信息，指出该列不允许为空。

注意：设置主键约束或唯一约束的字段不能设置 default。

（1）使用企业管理器创建 default

打开表设计器窗口，如果要对某列设置默认值，在窗口上单击该列所在的行，然后在窗口下部的"默认值"框中输入一个值为默认值，如图 2.12 所示。

（2）使用查询分析器创建 default

除了在企业管理器中设置 default 约束外，也可以通过在 create table 语句中添加一个 Default 子句来设置默认值约束，操作实例如下。

【例题 2.4】 在 gerenlicai 数据库中创建一个"学生表"，包括"学号"、"姓名"和"成绩"字段，在成绩字段设置默认值约束。

```
CREATE TABLE 学生表
（学号 VARCHAR(20) PRIMARY KEY,
 姓名 VARCHAR(10) NOT NULL,
 成绩  INT DEFAULT 0）
```

5．空值约束（null）

一个列出现 null 值意味着用户还没有为该列输入值，null 值既不等价于数值型数据中的 0，也不等价于字符型数据中的空串，只是表明列值是未知的。如果允许一个列中不输入数据，则应当对该列加上 null 约束，如果必须在该列中输入数据，则应当对它加上 not null 约束。

（1）使用企业管理器创建 null

在企业管理器中，打开表设计器窗口，很容易为一个列加上 null 或 not null 约束，只要在该列所在行中选中或清除"允许空"列的复选框即可，如图 2.13 所示。

图 2.12 设置 default 约束

图 2.13 设置 null 约束

（2）使用查询分析器创建 null

除了在企业管理器中设置 null 约束外，也可以通过在 create table 语句中设置空值约束，在例题 2.3 中，"姓名"字段设置了不允许为空。

6．外键约束（foreign key）

外键约束主要用来维护两个表之间数据的一致性。通过将保存表中主键值的一列或多列添加到另一个表中可创建两个表之间的链接，这个列就成为第二个表的外键。

① 外键约束是用于建立两个表之间的一列或多列之间的联系。通过将当前表中的某一

列或某几列关联到另一个表的主键列，可创建两个表之间的连接。当前表中的列就成为外键。

② 外键约束可以确保添加到外部键表中的任何行的外部键值在主表中都存在相应主键值，以保证数据的参照完整性。

例如，示例数据库 pubs 中的 titles 表与 publishers 表有连接，因为书名和出版商之间存在逻辑关系。titles 表中的 pub_id 列与 publishers 表中的主键列相对应。titles 表中的 pub_id 列是 publishers 表的外键。

（1）使用企业管理器创建 foreign key

① 在企业管理器中，选中要设置外键约束的表，打开表设计器。

② 单击右键，打开属性窗口，选择"关系"选项卡。

③ 在"关系"选项卡中，单击"新建"按钮，在"主键表"下拉列表框中选择外键引用的表（user_login），并在下面的列表框中选择外键引用的列（user_id），在"外键表"选择要定义外键的表（account），并在下面的列表框中选择要定义外键约束的列（user_id），如图 2.14 所示。

注意：定义外键的字段必须是设置了主键或唯一约束的字段。

④ 在"关系"选项卡下部的复选框中进行相应的选择。

a. 若选中"创建中检查现存数据"复选框，则表示设置约束前，先要对表中已经存在的数据进行检查，若不满足"外键列的列值是引用列的列值之一"这一规则，则不允许定义外键约束；若不选中该项，表示对表中已经存在的数据不检查，总允许定义外键约束。

b. 若选中"级联删除相关的记录"复选框，则表示可以级联删除，如不选中该复选框，表示不能级联删除。

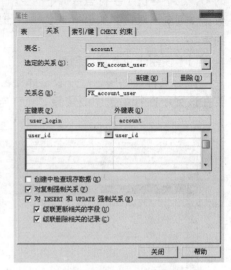

图 2.14　设置 foreign key

c. 若选中"级联更新相关的字段"复选框，表示可以实现级联修改。

（2）使用查询分析器创建 foreign key

除了在企业管理器中设置 foreign key 约束外，也可以通过在 create table 语句中添加一个 foreign key 子句来设置外键约束，操作实例如下。

【例题 2.5】 在 gerenlicai 数据库中创建一个"学生表"和一个"成绩表"，在"学生表"的"学号"字段和"成绩表"的"学号"字段建立外键约束。

```
CREATE TABLE 学生表
（ 学号 VARCHAR(20) PRIMARY KEY,
　姓名 VARCHAR(10)）
GO
CREATE TABLE 成绩表
（ 学号 VARCHAR(20) FOREIGN KEY REFERENCES 学生表(学号),
　成绩 INT ）
GO
```

第二部分　基本技能

2.2　创建用户信息表 YonghuXX

创建表可以使用企业管理器或使用 create table 语句两种方法完成。通过 3 个步骤完成表的创建。

① 定义表的结构：给表的每一列取名，确定每一列数据的数据类型、数据长度、列数据是否可以为空等。

② 设置约束：保证数据输入的正确性和一致性。

③ 添加表数据：表结构创建完成后，向表中输入数据。

2.2.1　创建表的结构

1．在企业管理器中创建表 YonghuXX

① 打开企业管理器，依次展开"服务器组"、"服务器"、"数据库"节点，选择要创建表的数据库 gerenlicai，右击表节点，在弹出的快捷菜单中选择"新建表"。

② 在表设计器中设置每个字段的基本属性，包括字段名、数据类型、长度和允许空值等，如图 2.15 所示。

③ 在"列名"字段输入字段名。字段名应符合标识符的命名规则：字段名最长为 128 个字符；可以包含汉字、英文字母、数字、下划线及其他符号；在同一个表中，字段名称必须是唯一的。

④ 在"数据类型"中，从下拉列表选择一种数据类型，可以是系统数据类型，也可以是用户自定义数据类型。如果当前数据库存在用户自定义数据类型，则这些数据类型会自动出现在下拉列表中。

⑤ 指定字段的长度或精度。对字符型等部分数据类型，只需在"长度"列输入一个数字，指定该字段的长度，对 numeric 等部分数据类型的字段，还需要在"精度"和"小数位数"行中输入相应的数字，以指定字段的类型。

⑥ 指定字段是否允许为 null 值。如果字段不允许为 null 值，则清除"允许空"列中的复选标记。不允许为空的字段，如果没有指定默认值，在插入或更新数据时又没有输入数据，则会出现错误提示信息。

在表设计器的下部，设置字段的附加属性，如默认值、精度、小数位数、标识、标识种子及标识递增量。

"描述"是用来指定字段的描述文字。

"默认值"用来设置字段的默认值。在插入记录时，如果没有指定该字段的值，则自动使用默认值。

"标识"、"标识种子"及"标识递增量"用来指定字段的自动编号属性。对 bigint、int、smallint 等部分数据类型的字段可以设置自动编号属性。

定义表的结构时，如果要在某一字段上方插入一个新的字段，在弹出的快捷菜单中选择"插入列"命令；如果要删除某一字段，可以右击相应的字段，在弹出的快捷菜单中选择"删除列"命令，如图 2.16 所示。

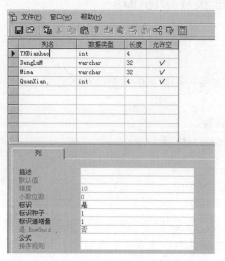

图 2.15　在企业管理器中创建创建 YonghuXX 表

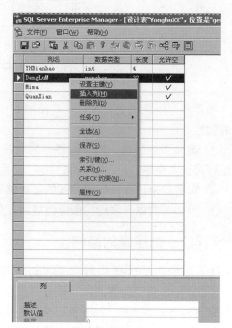

图 2.16　插入列

⑦ 单击工具栏上的"保存"按钮，在弹出的"选择名称"对话框中，输入表的名称、然后单击"确定"按钮。

⑧ 关闭表设计器，完成 YonghuXX 表结构的创建。

注意：在实际的项目开发中，表字段的名称和表的名称通常不使用中文命名。如果使用中文的命名方式，在前台编程的过程中，需要频繁地进行中英文切换，而且涉及全角或半角模式的转换，很容易出现问题，而且调试很麻烦。所以，在学习过程中，应尽量避免使用中文的命名方式。

2. 使用 create table 语句创建表 YonghuXX

使用 create table 命令创建表结构和设置约束的语法格式如下。

```
CREATE TABLE 表名
{(字段名　列属性　列约束)}[,……n]
其中列属性格式为
数据类型[(长度)][NULL| NOT NULL][IDENTITY(初始值,步长值)]
列约束格式为
[CONSTRAINT 约束名] PRIMARY KEY[(列名)]
[CONSTRAINT 约束名] UNIQUE[(列名)]
[CONSTRAINT 约束名][FOREIGN KEY[(外键列)]] REFERENCES 引用表名(引用列)
[CONSTRAINT 约束名] CHECK(检查表达式)
[CONSTRAINT 约束名] DEFAULT 默认值
```

以下语句完成 YonghuXX 表的创建，运行结果如图 2.17 所示。

```
USE gerenlicai
GO
CREATE TABLE YonghuXX
(YHBianhao int NOT NULL,
```

```
DengLuM varchar(32),
Mima varchar(32),
QuanXian int)
```

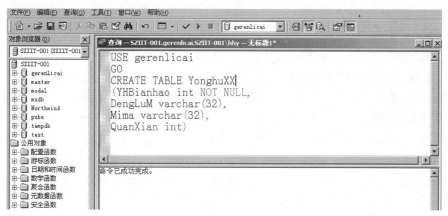

图 2.17 在查询分析器中创建 YonghuXX 表

2.2.2 设置约束

在企业管理器中打开 YonghuXX 表设计器，在 YHBianhao（系统 ID）字段设置主键，如图 2.18 所示。其他约束待其他表创建完成再进行设置。

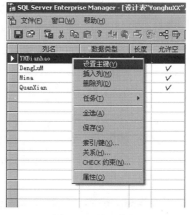

图 2.18 设置主键

2.2.3 输入数据

在企业管理器中，单击 YonghuXX 表右键，打开表→单击"返回所有行"，在当前窗口输入数据，为前台提供有效用户的相关信息，如图 2.19 所示。

图 2.19 输入 YonghuXX 表数据

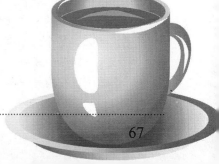

2.3 表 的 设 计

2.3.1 概念模型

概念模型是现实世界到计算机世界的一个中间层次。为了把现实世界中的具体事物抽象组织为某一数据库管理系统支持的数据模型，人们常常首先将现实世界抽象为概念模型，然后将概念模型转换为数据模型。也就是说，首先把现实世界中的客观对象抽象为某一种信息结构，这种信息结构并不依赖于具体的计算机系统及 DBMS，而是依赖于概念模型，然后再把概念模型转换为某一 DBMS 支持的数据模型。使用概念模型描述现实实体涉及以下几个主要概念。

1．实体

实体是客观存在并以属性区分其差异的具体事物。数据就是客观现实的描述。为了抽象地描述客观现实相同的事情，可以使用实体的概念。实体中的一个具体事情的出现，就是一个实体的实例。常见的实体包括人、位置、对象、事件和概念等。表 2.3 列出了常见的实体。

表 2.3　　　　　　　　　　　　　　　常见的实体

实 体 分 类	实　　　　体
人	学生、教师、客户、部门、雇员、经理、代理人、导师、供应商、摊主、主管、法官、工人、工程师、设计员、分析员、系统分析员、信息系统管理员
位置	大楼、房间、营地、仓库、分公司、机构、办公室、城市、街道、公路、宾馆、饭店等
对象	图书、机器、零件、产品、汽车、原材料、软件包、设备、飞机、轮船、计算机、电视机、手机、订单、合同等
事件	比赛、奖励、认证、分类、查询、飞行、邀请、定购、注册、请求、旅行、销售、预定、采购、运输、考试、评比等
概念	账户、总账、基金、周期、课程、应收、应付

2．属性

属性是实体所具有的特性，每一特性都称为实体的属性。例如，学生的学号、班级、姓名、性别、出生年月等都是学生的属性。每一属性都有一个值域，如学号的域为 7 位整数。

3．实体集

具有相同属性的实体集合称为实体集。例如，全体教师是一个实体集，全体学生也是一个实体集。

4．主键

主键是能唯一标识一个实体的属性及属性值，主键也可称为关键字。例如，学号是学生实体的键。

5．联系

在现实世界中，实体与实体之间有各种联系，归纳起来，主要有 3 种情况，如图 2.20 所示。

（1）一对一的联系

这是最简单的一种实体间的联系，它表示了两个实体集中的个体之间存在一一对应的关系。例如，每个班级有一个班长，班级实体与班长实体之间的联系是 1：1。

（2）一对多的联系

实体间存在的另一种联系是一对多的联系。例如，一个班级有许多学生，一所医院有多个部门等，这种联系记为 1：M。

（3）多对多的联系

实体间更多的是多对多的联系。例如，教师和学生之间的联系。一个教师有多名学生，反之，一个学生同时上几个教师的课。多对多的联系表示了多个实体集，其中一个实体集中的任一实体与另一实体集中的实体间存在一对多的联系。这种联系记为 M：N。

概念模型的表示方法中，最常用、最著名的是实体-联系方法，简称为 E–R 方法或 E–R 概念模型。实体-联系模型是面向现实世界，而不是面向实现方法的，它主要是用

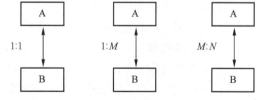

图 2.20　实体之间的联系

于描述现实信息世界中数据的静态特性，而不涉及数据的处理过程。实体-联系模型可以用来说明数据库中实体的等级和属性。E–R 图提供了表示实体、属性和联系的方法。

① 实体：用矩形表示，矩形框内写明实体名。

② 属性：用椭圆形表示，并用无向边将其与相应的实体连接起来。

③ 联系：用菱形表示，菱形框内写明联系名，并用无向边分别与有关实体连接起来，同时在无向边旁标上联系的类型。

gerenlicai 数据库中的 E–R 图，如图 2.21 所示。

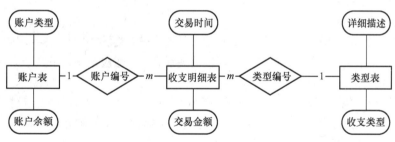

图 2.21　个人理财软件 E-R 图

2.3.2　E–R 模型到关系模型的转换

现实世界的实体及实体间的联系均用关系来表示。在实际表示中，关系可以用一个表来直观地表示，通常表是以一种矩形数据行/列的形式表示。表中的每一列表示关系的一个属性，每列的名字即为一个属性名；每一行表示一个记录，代表一个物理实体。在关系数据库中，所有的数据都是通过表来存储的。

下面给出关系模型的基本概念。

（1）关系

一个关系就是一张二维表，每个关系都有一个关系名。一张二维表可以存储为一个文件。

（2）元组

二维表中的行，每一行是一个元组。一个元组就是文件中的一条记录。

（3）属性和属性值

二维表的列称为属性，每一列有一个属性名，且属性不能重名。属性值是属性的具体值。属性对应文件中的一个字段。

（4）域

域指属性的取值范围。

（5）关系模式

关系模式是对关系的信息结构及语法限制的描述，用关系名和包含的属性名的集合表示。

（6）关键字（码）

在关系的属性中能够用关键字（码）来唯一标识元组的属性或属性组合。在一个关系中，关键字（码）的取值不能为空。

（7）候选关键字（选码）

如果在一个关系中，存在多个属性（或属性组合）都能用来唯一标识元组，这些属性（或属性组合）都可以作为候选关键字（候选码）。

（8）主关键字（主码）

在一个关系的若干候选关键字中被指定作为具有唯一性的不能为空的主要关键字的候选关键字。

（9）非主属性或非码属性

非主属性或非码属性是在一个关系中不组成码的属性。

（10）外部关键字（外码）

某属性在一个关系中是关键字，而在另一个关系中不是关键字，则该属性称为是另一个关系的外部关键字或外码。

（11）主表和从表

某属性在一个关系中是关键字，则该表是主表，而在另一个关系中不是关键字，则该表是从表。

设计完 E-R 图后，要将 E-R 转换为对应的关系表，一般应遵循以下几个原则。

① 实体直接按属性转化成关系表。

② 联系的属性包含以下两个部分：一是联系本身的属性；二是与联系有关的实体的主关键字。

③ 同一实体集的实体间的联系，即自联系，可按上述 1:1、1:m 和 m:n3 种情况分别处理。

④ 具有相同码的关系模式可合并。

个人理财软件数据库 gerenlicai 的 E-R 图如图 2.21 所示，按照转换的原则，在 SQL Server 中生成的关系模型如图 2.22 所示。

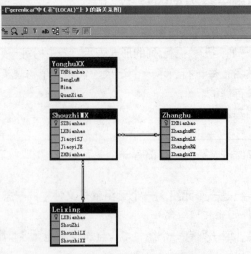

图 2.22　gerenlicai 数据库关系图结构

【例题 2.6】 在企业管理器或查询分析器中完成 gerenlicai 数据库中 Leixing 表的创建，表的结构如图 2.23 所示。

图 2.23 Leixing 表的结构

【例题 2.7】 通过企业管理器的界面操作或查询分析器的 SQL 语句完成 gerenlicai 数据库中 Zhanghu 表的创建，表的结构如图 2.24 所示。

【例题 2.8】 通过企业管理器的界面操作或查询分析器的 SQL 语句完成 gerenlicai 数据库中 ShouzhiMX 表的创建，表的结构如图 2.25 所示。

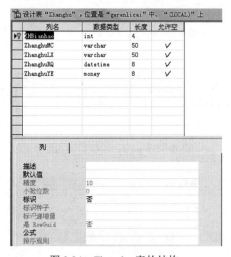

图 2.24 Zhanghu 表的结构

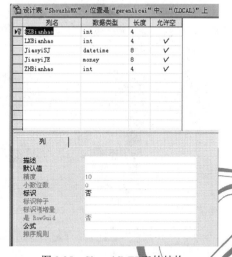

图 2.25 ShouzhiMX 表的结构

2.4 表的管理和维护

通常，一个系统的开发都是由团队完成的，数据库中的表创建完成后，负责数据库开发的人员和其他人员在权限允许的范围内，可以查看表的一些相关信息。比如，表由哪些列组成、列的数据类型是什么、表上设置了哪些约束、表中有哪些数据、表与表之间存在哪种依赖关系等信息。在企业管理器及存储过程中能够查看到相应的信息。

2.4.1 查看表信息

1. 查看表的定义信息

在数据库中创建一个用户表后，SQL Server 就在系统表 sysobjects 中记录下表的名称、对象 ID、表类型、创建时间及所有者等信息，并在系统表 syscolumns 记录下字段 ID、字段数据类型及字段长度等信息。通过相关操作查看到以上信息。

（1）使用企业管理器查看表的结构。

① 在企业管理器中，依次展开"服务器组"、"服务器"、"数据库"节点，选中相应的数据库 gerenlicai。

② 单击表节点 ShouzhiMX，右击打开"表属性"对话框，如图 2.26 所示。

③ 在"常规"选项卡中，显示表的定义信息，如表的名称、所有者、创建日期，以及表中各个字段的定义等。

④ 单击"确定"按钮，关闭表属性对话框。

（2）使用 sp_help 存储过程查看表结构和约束。

语法格式为：

```
[EXECUTE] sp_help [表名]
```

查看 ShouzhiMX 表的结构和属性，可以使用下述语句：

```
EXEC sp_help ShouzhiMX
```

在查询分析器中，运行结果如图 2.27 所示。

图 2.26 "表属性"对话框

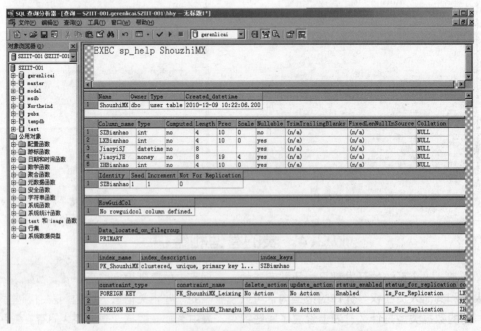

图 2.27 使用 sp_help 存储过程查看 ShouzhiMX 表的定义信息

2．查看表约束

① 打开企业管理器，依次展开"服务器组"、"服务器"、"数据库"节点，选中数据库gerenlicai。

② 右击表对象 ShouzhiMX，选择"设计表"，打开表设计器，如图 2.28 所示。

③ 在当前对话框中，可以查看到主键约束、默认值约束、空值约束等信息。

④ 单击表设计器工具栏上的"表和索引属性"工具按钮，或者设计器中右击鼠标，从快捷选单中选择"属性"命令，弹出属性对话框，如图 2.29 所示。

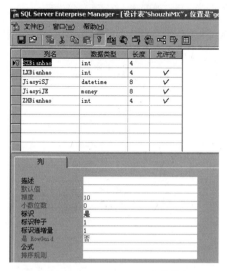

图 2.28　ShouzhiMX 表结构

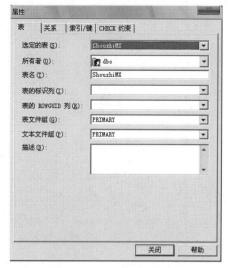

图 2.29　"属性"对话框

⑤ 在"属性"对话框中，有"表"、"关系"、"索引/键"、"CHECK 约束"4 个选项卡，切换各个选项卡，能够查看表的相关属性。比如，"关系"选项卡能够查看到外键约束的信息，"索引/键"选项卡能够查看到唯一约束的信息，"CHECK 约束"选项卡能够查看到检查约束的信息。

⑥ 单击"关闭"按钮，关闭"属性"对话框。

3．查看表中的数据

在企业管理器和查询分析器中都能够查看到表的数据，下面分别进行介绍。

（1）使用企业管理器查看表数据

打开企业管理器，依次展开"服务器组"、"服务器"、"数据库"节点，选中数据库gerenlicai。右击表节点 ShouzhiMX，在弹出的快捷选单中选择"打开表" → "返回所有行"命令，如图 2.30 所示。

（2）使用查询分析器查看表数据

打开查询分析器，在"对象浏览器"中选中相应的数据库，展开该数据库的目录，然后展开"用户表"目录，在详细信息窗口中，右击要查看数据的表，从弹出的快捷选单中选择"打开"命令，此时在右边的详细窗口中显示相应的数据，如图 2.31 所示。

4．查看表之间的依赖关系

数据库中包括多种数据库对象，如视图、触发器、存储过程等，这些数据库对象都依赖于相应的表，如果表发生了变化，那么所有依赖于该表的数据库对象都可能受到影响，因此了解表之间的依赖关系非常重要。下面介绍在企业管理器中查看表之间的依赖关系。

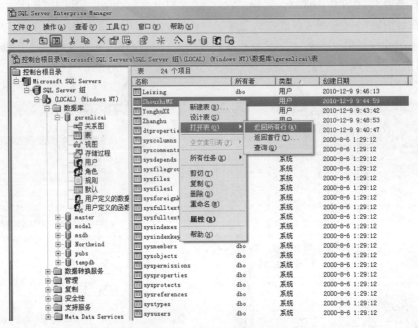

图 2.30　选择查看数据命令

① 打开企业管理器，依次展开"服务器组"、"服务器"、"数据库"节点，选中数据库gerenlicai。

② 右击表节点 ShouzhiMX，在弹出的快捷选单中选择"所有任务"下的"显示相关性"命令，如图 2.32 所示。

③ 在"相关性"对话框，在"常规"选项卡中查看表与表之间的依赖关系，如图 2.33 所示。

④ 单击"关闭"按钮，关闭对话框。

图 2.33 所示的对话框显示数据库中的 ShouzhiMX 表所依赖的数据库对象和依赖于 ShouzhiMX 表的数据库对象。gerenlicai 数据库中没有依赖于 ShouzhiMX 表的数据库对象，但 ShouzhiMX 表依赖于 Leixing 表和 Zhanghu 表，这两个表发生的变化可能会影响到 ShouzhiMX 表。因为 ShouzhiMX 表中的"LXBianhao"字段通过外键引用了 Leixing 表的"LXBianhao"字段，ShouzhiMX 表中的"ZHBianhao"字段通过外键

图 2.31　在查询分析器中查看表数据

引用了 Zhanghu 表的 ZHBianhao 字段。所以，在修改 Leixing 表和 Zhanghu 表中这两列数据时，ShouzhiMX 表中的数据就会受到影响。

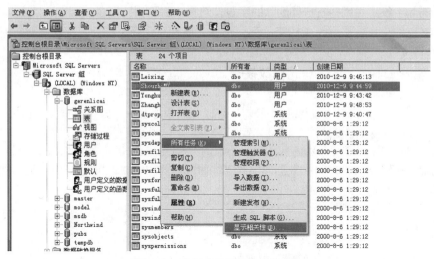

图 2.32　选择"显示相关性"命令

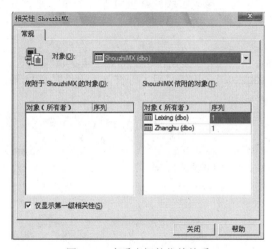

图 2.33　查看表间的依赖关系

2.4.2　修改表

一个表建立以后，可以根据需要对它进行修改。修改的内容主要是针对表的结构和属性进行修改，比如列名、数据类型、数据长度等，还可以添加或删除列、修改约束等。可以采用以下两种方式实现。

1. 使用企业管理器修改表

① 打开企业管理器，依次展开"服务器组"、"服务器"、"数据库"节点，右击表节点，在快捷选单中选择"设计表"，打开表设计器窗口。

② 在表设计器中修改字段名、字段类型、字段长度、是否允许为空、是否自动编号等属性。

③ 添加新的字段。如果在表中追加一个新的字段，将光标移动到最后一个字段的后面，开始新字段的定义；如果在一个现有字段的前面插入一个字段，右击现有字段，选择"插入列"命令，在此列前面定义一个新的字段。

④ 删除字段。用鼠标右击要删除的字段，选择"删除列"命令。

⑤ 修改约束。右击要设置约束的列，选择"属性"命令，打开各选项卡，针对要设置的约束进行修改。

2. 使用 alter table 语句修改表

（1）使用 add 子句添加列

通过 alter table 语句中使用 add 子句，可以在表中增加一个或多个字段，语法格式为：

```
ALTER TABLE 表名
  ADD 列名   数据类型[(长度)] [NULL| NOT NULL]
```

【例题 2.9】 向 gerenlicai 数据库中的 YonghuXX 表中添加"电子邮件"列，数据类型为 varchar，长度为 30。语句如下：

```
USE gerenlicai
ALTER TABLE YonghuXX
  ADD 电子邮件 VARCHAR(30)
```

（2）使用 alter column 子句修改列属性

使用 alter column 子句可以修改字段的数据类型、长度、是否允许为空等属性。语法格式为：

```
ALTER TABLE 表名
  DROP COLUMN 字段名 数据类型[(长度)] [NULL| NOT NULL]
```

【例题 2.10】 将 YonghuXX 表中的"电子邮件"字段长度改为 50，数据类型为 varchar，且允许为空。语句如下：

```
USE gerenlicai
ALTER TABLE YonghuXX
ALTER COLUMN 电子邮件 VARCHAR(50)
```

（3）使用 add constraint 子句添加约束

通过 alter table 语句中使用 add constraint 子句，可以在表中增加一个或多个约束。语法格式为：

```
ALTER TABLE 表名
  ADD CONSTRAINT 约束定义 [,……n]
```

【例题 2.11】 将 YonghuXX 表中的"电子邮件"字段的默认值设置为 yonghu@163.com。语句如下：

```
USE gerenlicai
ALTER TABLE YonghuXX
  ADD CONSTRAINT def_e DEFAULT 'yonghu@163.com' FOR 电子邮件
```

（4）使用 drop constraint 子句删除约束

通过 alter table 语句中使用 drop constraint 子句，可以在表中删除一个或多个约束。语法格式为：

```
ALTER TABLE 表名
  DROP CONSTRAINT 约束定义 [,……n]
```

【例题 2.12】 删除 YonghuXX 表中的"电子邮件"字段的默认值约束 def_e。语句如下：

```
USE gerenlicai
ALTER TABLE YonghuXX
  DROP CONSTRAINT def_e
```

（5）使用 drop column 子句删除列

通过在 alter table 语句中使用 drop column 子句，可以从表中删除一个或多个字段，语法格式为：

```
ALTER TABLE 表名
   DROP COLUMN 字段名[,……n]
```

【例题 2.13 】 删除 YonghuXX 表中的"电子邮件"字段。语句如下：

```
USE gerenlicai
ALTER TABLE YonghuXX
   DROP COLUMN 电子邮件
```

2.4.3 删除表

当不再需要某个表时，可以将其删除。因为删除操作是不可恢复的，所以删除前要进一步确认是否需要。表是由结构和数据两部分组成。可以只删除表的数据，保留表的结构，或者将表格彻底删除。下面通过以下两种实现方式进行介绍。

1. 使用企业管理器删除表

① 在企业管理器中依次展开"服务器组"、"服务器"、"数据库"，右击要删除的表，选择"删除"命令。

② 在弹出的"除去对象"对话框中单击"全部除去"按钮，确认删除操作，如图 2.34 所示。

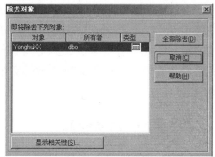

图 2.34　删除表的操作

2. 使用 SQL 语句删除表

（1）删除表的数据

以下两种语法格式能够实现删除表的数据，保留表的结构。

```
① DELETE 表名 [,……n]
② TRUNCATE TABLE 表名 [,……n]
```

（2）将表格彻底删除

drop table 语句可以删除数据库中的一个或多个表，包括表中所有的记录、索引及约束等。语法格式为：

```
DROP TABLE 表名 [,……n]
```

注意：drop table 语句不能删除系统表。

第三部分　自　学　拓　展

2.5　数据完整性

当今社会，各行各业已广泛使用数据库系统为用户提供各种数据服务。系统在与用户交互过程中，往往需要接受用户输入的信息作为数据库中的数据，由于用户的数量多，情况复杂，输入数据的内容、格式是否正确无法保障。如果不对用户输入提交的数据加以辨别，不做任何处理就直接存储到数据库中，势必造成大量错误、无效的数据充斥其中，严重影响系统的正常使用。快捷高效地对输入的数据进行检查，最大限度地阻止无效的输入，是衡量一个数据库系统质量的重要指标。

数据完整性是数据库的一个重要概念，它是指数据的精确性（正确性）、一致性和可靠性。数据完整性主要包括 4 种：实体完整性、参照完整性（也称引用完整性）、域完整性和用户自定义完整性。在数据库的设计阶段，合理地使用 SQL Server 为 4 种数据完整性提供的各项措施，对数据进行所需的约束限制，可以有效降低数据库在使用过程中可能出现的错误，提高数据库系统的可用性，减少处理数据错误所耗的费用。

2.5.1　实体完整性

实体完整性即记录的正确性，指在一个表中，每一行都是唯一的，不能有完全相同的两条记录。在 SQL Server 中，实体完整性通过主键约束和唯一约束实现。在表中，如果有某个字段或几个字段的组合可以唯一地标识所在记录对应的实体，就可以在该字段（组）创建主键约束，该字段（组）称为该表的主键。设置了主键约束的字段（组）不能被输入空值（null），也不能有重复值。一个表只能有一个主键。如果表中的某一个字段或几个字段的组合不允许有重复值，则可为其创建唯一约束。一个表可以创建多个唯一约束。实体完整性强制表的标识符列或主键的完整性（通过索引、unique 约束、primary key 约束或 identity 属性）。

2.5.2　参照完整性

参照完整性要求有关联的两个或两个以上表之间数据的一致性。用一个表的字段数据作为参照，限定另一个表的相关字段的数据，其通过外键约束实现。两个表可以通过相关的公共字段建立关联。建立关联的两个表中，其中一个表中的关联字段为主键或唯一键，代表某类实体的存在。这个表称为主键表；另一个表的相关字段代表该类实体的某种行为，该字段称为外键，该表称为外键表，外键表的外键字段中的数据只能是主键表的主键字段保存的数据。外键约束是建立在外键表中的。在 SQL Server 中，参照完整性基于外键与主键之间或外键与唯一键之间的关系（通过 foreign key 和 check 约束）。

2.5.3　域完整性

域完整性要求表中指定列的数据具有正确的数据类型、格式和有效的数据范围。强制域有效性的方法有：限制类型（通过数据类型）、格式（通过 check 约束和规则）或可能值的范围（通过 foreign key 约束、check 约束、default 定义、not null 定义和规则）。

2.5.4　用户自定义完整性

当用户对数据的完整性要求更为特殊，更为复杂时，以上 3 种完整性无法满足用户的要求。如约束的条件需要执行较为复杂的程序方能得出，或向一个表输入数据时，要统计与之相关的另一个表的数据值的情况进行判断。在这种情况下，用户需要自己定义所需的完整性。实现自定义完整性的重要方法是创建触发器。触发器是一种数据库对象。它与数据库中的某个表的数据修改操作相关联，修改操作可以是 insert、update 和 delete 这 3 种操作中其中一种或几种。当用户对相关表执行触发器相关的修改操作时，触发器自动执行。相关的内容会在后面的任务中进行详细的介绍。

第四部分 基 本 训 练

一、选择题

1. 下列说法正确的是（　　）。

A. 视图是观察数据的一种方法，只能基于基本表建立。

B. 视图是虚表，观察到的数据是实际基本表中的数据。

C. 索引查找法一定比表扫描法查询速度快。

D. 索引的创建只和数据的存储有关系。

2. 下面语句中，哪种语句用来创建视图（　　）？

A. create table
B. alter view

C. drop view
D. create view

3. 下面语句中，哪种语句用来删除视图（　　）？

A. create table
B. alter view

C. drop view
D. create view

二、填空题

1. 数据库中只存放视图的_____。

2. 视图是从其他_____或视图导出的表。

三、简答题

1. 视图和数据表之间的主要区别是什么？

2. 使用视图的优点有哪些？

3. 使用哪些存储过程可以查看视图的信息？

4. 什么情况下必须为视图提供列名？

四、操作题

1. 为 Northwind 数据库创建视图 view1，要求显示产品 ID 号（productID）、单价（unitprice）、数量（quantity）、金额（参考表 order details）。

2. 为 Northwind 数据库创建视图 view2，要求显示产品名称（productname）、单价（unitprice）、数量（quantity）、金额（参考表 order details，product）。

3. Northwind 数据库创建视图 view3，要求统计每种产品的销售量和销售金额。

任务三 个人理财软件的基本操作

——基于数据库的增删改查

学习情境

本软件面向的用户群体是在校学生和刚毕业的学生。在以往观念中，个人理财被理解为大富而为之的事情。其实则不然，小财才更需要打理，就如同"滴水穿石"的道理一样，善用钱财，开源节流，才能积少成多。一个简单、实用的理财软件，特别适用于现金理财。统计功能较完善，软件体积小，使用方便，输入过程简便快捷，具备建立多用户进入的功能，对于收支与支出的类别可随意更改，非常节省用户的时间，无需专门学习它。对用户登录进行了权限设置，更加确保了使用者的便捷和安全性。

数据库中的数据录入表对象后，能够进行基于数据库的增删改查操作。下面通过前台人机交互界面实现增删改查，然后对比数据库中数据的变化情况。

1. 数据的添加

用户信息表 YonghuXX 的用户有两种权限：管理员权限和非管理员权限。具有管理员权限的用户能够查看当前系统所有的用户信息，并能够添加新的用户，对用户进行初始密码的设置。密码一旦设置，就不能进行修改，但能够修改自身的密码。

① 以管理员身份登录后显示的用户管理信息如图 3.1 所示。

② 以非管理员身份登录后显示的用户管理信息如图 3.2 所示。其中，"用户管理"模块是不可操作的状态。作为非管理员用户，不具有修改或查看其他用户信息的权限。

图 3.1 管理员身份登录的用户管理模块

接下来，以管理员身份登录，添加一个用户的信息，如图 3.3 所示，输入用户名和密码，单击"添加"按钮，操作结果如图 3.4 所示。

图 3.2 非管理员身份登录"用户管理"模块无效

图 3.3 添加用户

图 3.4 添加用户成功

打开后台数据库，查看 YonghuXX 表的数据是否发生了变化，从前台添加的用户信息是否被成功地添加到了 YonghuXX 表中，如图 3.5 所示。

确认数据成功添加到表中，并且通过"QuanXian"字段设置是否具有管理员的权限。

2. 数据的删除

管理员登录后，选择"用户管理"模块，能够对使用当前软件的用户进行整理，删除部分用户。

如图 3.6 所示，选择相应的用户，单击"删除"按钮，然后进入数据库后台对比数据的

YHBianhao	DengLuM	Mima	QuanXian
22	huohy	Shoy	1
24	zhansb	Kern	1
26	test1	123456	0
27	test2	abcdef	0
31	admin		1
32	1	<NULL>	1
34	test3	user123	0

图 3.5 YonghuXX 表

变化。如图 3.7 所示，数据被成功删除。

图 3.6　用户的删除

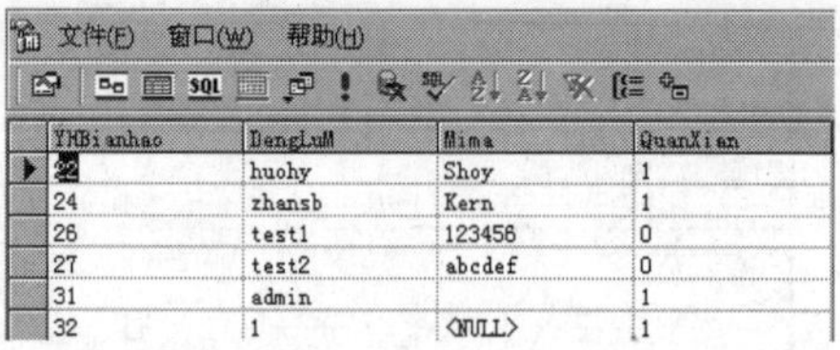

图 3.7　删除数据后的 YonghuXX 表

3. 数据的修改

正常登录后，能对自身的密码进行修改。单击"修改密码"按钮，如图 3.8 所示。重新输入密码，单击"修改"按钮。

图 3.8　正常登录后修改密码

操作完成后，显示如图 3.9 所示的结果。

进入后台数据库，对比修改后的结果。如图 3.10 所示。

4. 数据的查询

用户登录后，显示如图 3.11 所示的数据，包括收支类型、收支项目、交易时间、收入/支出金额、交易账户、账户类型等信息，这些数据不是从一个表中得到的，是从账户表、类型表及收支明细表中共同查询得到。具体操作在本任务会进行详细介绍。

图 3.9 修改密码

图 3.10 修改数据后的 YonghuXX 表

图 3.11 用户登录后显示的收支明细

第一部分 基 本 知 识

3.1 select 语句查询分类

1. 普通查询

（1）查询所有数据行和列

语法格式： SELECT * FROM 表名

说明：查询表中所有行和列。

（2）查询部分行列-条件查询

语法格式：SELECT 列名列表 FROM 表名 WHERE 条件表达式

说明：按照指定的条件，查询表中部分字段。

（3）在查询中使用 AS 更改列名

语法格式：SELECT 字段名 AS 别名 FROM 表名 WHERE 条件表达式

说明：查询表中满足条件的所有行，为指定的字段设置别名，以别名显示字段名称，但不更改字段在原有表的名称。

（4）查询返回限制行数（关键字：top、percent）

语法格式 1：SELECT top n 字段名 FROM 表名

说明：查询表，显示指定字段的前 n 行，top 为关键字。

语法格式 2：SELECT top n percent 字段名 FROM 表名

说明：查询表，显示指定字段的 n%，percent 为关键字。

（5）查询排序（关键字：order by、asc、desc）

语法格式：SELECT 字段名 FROM 表名 WHERE 条件表达式 order by asc| desc

说明：查询表中满足条件的所有行，并按升序或降序排列指定字段，默认为 asc 升序。

2．模糊查询

以 pubs 数据库作为操作对象，完成模糊查询。

（1）使用 like 进行模糊查询

like 运算符只用于字符串，所以仅与 char 和 varchar 数据类型联合使用。

例如：SELECT * FROM publishers where country like 'US%'

说明：查询显示表 publishers 中，country 字段以 "US" 开头的记录。

（2）使用 between 在某个范围内进行查询

例如：SELECT * FROM sales WHERE qty between 30 and 50

说明：查询显示表 sales 中 qty 在 30～50 的记录。

（3）使用 in 在列举值内进行查询

例如：SELECT title FROM titles WHERE type in ('business', 'mod_cook ')

说明：查询表 titles 中 type 值为 business 或者 mod_cook 的记录，显示 title 字段。

3．分组查询

（1）使用 group by 进行分组查询

例如：SELECT sum(qty), payterms FROM sales GROUP BY payterms

说明：group by 子句对结果集进行分组并对每一组数据进行汇总计算。

（2）使用 having 子句进行分组筛选

例如：SELECT sum(qty), payterms FROM sales GROUP BY payterms HAVING payterms like 'Net%'

说明：select 子句中的字段名必须是 group by 子句已有的字段名；where 子句是对表中的记录进行筛选，而 having 子句是对组进行筛选。

3.2 集 合 函 数

为了有效的对数据集分类汇总、求平均值等统计，SQL Server 提供了一系列统计函数，如表 3.1 所示。

表 3.1   常用集合函数

函 数 名 称	函 数 功 能
sum（[all|distinct]）	返回一个数字列或计算列的总和
avg（[all|distinct]）	对一个数字列或计算列求平均值
min（）	返回一个数字列或数字表达式的最小值
max（）	返回一个数字列或数字表达式的最大值
count（[all|distinct]）	返回满足 select 语句中指定的条件的记录值
count（*）	返回找到的行数

说明：

① 如果选用 all 关键字，SQL Server 将把所有的数据聚合完成相应函数的计算，all 是默认值；

② 如果选用 distinct 关键字，SQL Server 仅把不相同的值聚合完成相应函数的计算，而不论这个值在表中出现多少次。

1．sum 函数求和

【例题 3.1】 操作 pubs 数据库中的 titles 表，针对其中的两个字段求和，并按 type 字段分组和排序。

```
use pubs
go
select type,sum(price),sum(advance) /求和
from titles
group by type
order by type
go
```

2．avg 函数求平均数

【例题 3.2】 操作 pubs 数据库中的 titles 表，针对 type 字段为 business 的 price 字段求平均值。

```
use pubs
go
select avg(distinct price) /算平均数
from titles
where type='business'
go
```

3．min 函数求最小数

【例题 3.3】 操作 pubs 数据库中的 titles 表，针对 ytd_sales 字段求最小值。

```
use pubs
go
select min(ytd_sales) /最小数
from titles
go
```

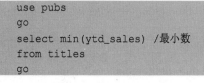

4. max 函数求最大数

【例题 3.4】 操作 pubs 数据库中的 titles 表，针对 ytd_sales 字段求最大值。

```
use pubs
go
select max(ytd_sales)  /最大数
from titles
go
```

5. count 函数求数量

【例题 3.5】 操作 pubs 数据库中的 titles 表，统计字段 city 值不同的记录个数。

```
use pubs
go
select count(distinct city)  /求个数
from authors
go
```

第二部分 基 本 技 能

增、删、改、查是针对数据库的最基本的操作，添加、删除、修改操作都会改变数据库中的数据；查询操作会返回一个或多个表的结果集，但不会使数据库中的数据发生什么变化。下面针对 gerenlicai 数据库来学习这 4 大基本操作方法。

3.3 添 加 数 据

（1）使用 insert……values 插入单条记录，语法如下：

```
insert [into] <表名> [列名] values <列值>
```

注意：into 可以省略；列名列值用逗号分开；列值用单引号引上；如果省略表名，将依次插入所有列。

（2）使用 insert……select 语句将现有表中的多条记录添加到已有的新表中，语法如下：

```
insert into <已有的新表> <列名>  select <原表列名> from <原表名>
```

注意：into 不可省略；查询得到的数据个数、顺序、数据类型等，必须与插入的项保持一致。

（3）使用 select……into 语句将现有表中的数据添加到新建表中，语法如下：

```
select <新建表列名> into <新建表名> from <源表名>
```

注意：新表是在执行查询语句的时候创建的，不能够预先存在。

（4）使用 union 关键字合并数据进行插入多行，语法如下：

```
insert <表名> <列名> select <列值> union select <列值>
```

注意：插入的列值必须和插入的列名个数、顺序、数据类型一致。

在本书中，为了体现系统整体性的特色，在个人理财软件的人机交互界面集成了 SQL 语句的录入和执行功能，大家可以直接通过前台录入 SQL 语句，看到运行的效果，而不需要重新打开 SQL Server 管理工具执行，再回到软件中查看，效果更加直观。同时，更能增强大家对系统开发的整体认识，提高学习的积极性。

3.3.1 用户信息表录入

以管理员身份登录，在具有添加用户权限的前提下，向用户信息表添加一个新的用户

zwk，并为用户设置初始密码为"abcdef"。

方法一：直接在界面的左侧输入新的用户名和密码，单击"添加"按钮，显示如图 3.12 所示的运行效果。同时，在界面的底端，自动生成了添加一条记录的 SQL 语句。

图 3.12 添加单条记录

方法二：选择"SQL 查询"模块，在对应的文本框录入 SQL 语句，具体代码如下：

```
INSERT INTO YonghuXX (DengluM, Mima,quanxian) VALUES ('zwk','abcdef',0)
```

运行结果如图 3.13 所示，操作完成后，可以从打开后台数据库的 YonghuXX 表，对数据进行对比。

图 3.13 insert……values 语句添加单条记录

3.3.2 类型表信息录入

① 选择"查看账本"模块，单击"添加"按钮。

② 选择"收支类型"后，单击"收支项目"后的按钮。

③ 弹出"收支项目"对话框，单击"添加"按钮。

④ 在弹出的"信息维护"对话框输入需要添加的收支项目的名称**"交通费"**，并单击**"确定"**，如图 3.14 所示。

图 3.14　在 Leixing 表中添加数据

或者在 SQL 语句文本框中录入语句，实现收支项目的添加，代码如下：

```
INSERT INTO Leixing (ShouZhi,ShouzhiLX,ShouzhiXX) VALUES ('支出','交通费','其他')
```

操作完成后，在"收支项目"的下拉式菜单中能够查看到添加的收支类型，如图 3.15 所示。同时，可以打开后台数据库，查看 Leixing 表数据的变化情况。

图 3.15　添加收支类型后的状态

以上操作完成了向表中添加一条记录，除此之外，可以使用 insert 语句实现多条记录的添加。

【例题 3.6】 在 gerenlicai 数据库中创建一个和 Leixing 表结构一样的表 zhichu，使该表具有所有支出项目的相关信息。

① 创建一个仅有表结构而没有表数据的空表。

方法有两种：第一种方法是 create table 语句实现，第二种方法是 select 带一个永远不成立的 where 子句来实现。这里用第二种方法创建空表，代码如下：

```
SELECT * INTO zhichu FROM Leixing WHERE 2=4
```

注意：zhichu 表的第一个字段要确认没有设置标识，才能追加数据。

② 将 Leixing 表中"ShouZhi"字段为"支出"的记录添加到表 zhichu 中。代码如下：

```
INSERT zhichu SELECT * FROM Leixing  WHERE ShouZhi='支出'
```

③ 查看 zhichu 表的数据。代码如下：

```
SELECT * FROM zhichu
```

执行上述代码，结果如图 3.16 所示。

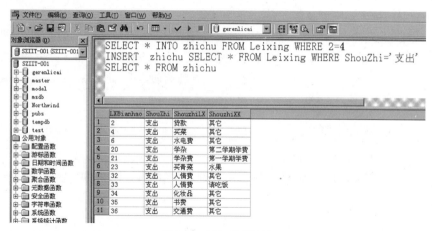

图 3.16　添加多条记录

3.4　删　除　数　据

随着数据库使用和数据的修改，表中可能存在着一些无用的数据，这些无用的数据不仅占用空间，还会影响修改和查询速度，所以应及时将它们删除。

① 使用 delete 语句删除部分数据，语法如下：

```
DELETE [FROM] <表名> [WHERE<删除条件>]
```

注意：删除整行不是删除单个字段，所以在 delete 后面不能出现字段名。

② 使用 truncate table 语句删除整个表的数据，语法如下：

```
TRUNCATE TABLE <表名>
```

注意：删除表的所有行，但表的结构、列、约束、索引等不会被删除，不能用有外键约束引用的表。

3.4.1　用户信息删除

在用户信息表中，可以对现有的用户进行整理，对不允许再次使用当前软件的用户进行删除。从用户信息表中删除编号为 34 的用户的相关信息，代码如下：

```
DELETE FROM YonghuXX WHERE YHBianhao='34'
```

3.4.2　类型表信息删除

【例题 3.7】　在类型信息表中，对收入和支出的项目进行整理，对不再消费的支出项目进行删除。代码如下：

```
DELETE FROM Leixing WHERE ShouzhiLX='交通费'
```

【例题 3.8】　在 gerenlicai 数据库中删除 zhichu 表数据。代码如下：

```
TRUNCATE TABLE zhichu
```

3.5　修　改　数　据

当数据添加到表后，如果某些数据发生了变化，就需要对表中的数据进行修改。在 SQL

Server 中，对数据的修改可以通过 update 语句实现。语法格式为：

UPDATE <表名> SET <列名=更新值> [FROM 另一表名] [WHERE <更新条件>]

注意：SET 后面可以紧随多个数据列的更新值；若修改的数据来自于另一个表时，则需要由 from 子句指定另一个表的名称；where 子句是可选的，用来限制条件，如果不选则整个表的所有行都将被更新。

3.5.1 用户信息修改

在 YonghuXX 表中，管理员和非管理员权限的用户都可以对自身的密码进行修改，代码如下：

UPDATE yonghuxx SET mima='abcdef' WHERE denglum='1'

3.5.2 类型表信息修改

【例题 3.9】在 Leixing 表中，支出的表项中有"买菜"和"买青菜"两个支出项目，为了区别开来，把"买菜"项目改成"买肉"。代码如下：

UPDATE Leixing SET ShouzhiLX='买肉' WHERE ShouzhiLX='买菜'

按照同样的方式，可以对 Leixing 表和其他表数据进行整理，或者通过前台的界面操作完成，在对话框下端的 SQL 语句文本框会自动生成代码，对比操作的效果，如图 3.17 所示。

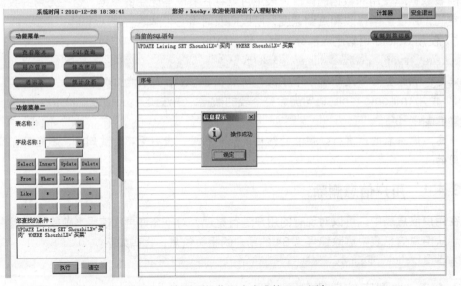

图 3.17　和界面操作同步生成的 SQL 语句

3.6　查　询　数　据

3.6.1　指定数据源

连接（join）是关系型数据库中一个非常重要的功能，或者说是概念。我们通过连接来查询多个表中的数据，可以把学生和班级、老师和课程、课程和教材等内容关联起来。离开连接，我们看到一个学生、班级、老师、课程和教材的列表，而无法确定哪个学生在哪个班级，哪个老师教授哪个课程，哪个课程选用的是哪本教材。涉及多表的连接查询，我们可以把它们都写在 from 子句（数据源）中，也可以通过各种自查询来实现。连接查询主要包括交叉连接、内连接、外连接、自连接，下面一一进行介绍。为了帮助大家理解 4 种连接方式，在 gerenlicai 数据库中新建 2 个简单表格，进行连接查询，如图 3.18 所示。

学　号	姓　名
001	张三
002	李四
003	赵五
004	王辉

t1

学　　号	成　绩
001	80
003	90
004	75
005	87

t2

图 3.18　gerenlicai 数据库中新建 2 个简单表格

1．交叉连接

交叉连接又称非限制连接（广义为笛卡儿乘积），它将两个表不加任何约束地组织在一起，也就是将第一个表的所有记录分别与第二个表的每条记录组成新记录，连接后结果集的行数就是两个表的行数的乘积，结果集的列数就是两个表的列数之和。在实际应用中，使用交叉连接产生的结果一般没有什么意义，但在数据库的数学模式上有重要的作用。

交叉连接有两种语法格式：

```
① SELECT 列名列表 FROM 表名1 CROSS JOIN 表名2
② SELECT 列名列表 FROM 表名，表名2
```

【例题 3.10】 在 gerenlicai 数据库中创建了 t1 和 t2 两个表，对两个表格进行交叉连接，观察连接后的结果。

```
USE gerenlicai
SELECT *.FROM t1 CROSS JOIN t2
```

运行结果如图 3.19 所示，从图中很容易看出来，交叉连接产生了 4×4 条记录，共有 2+2 个字段。

2．内连接

内连接一般是最常使用的，也叫自然连接，是用比较运算符比较要连接列的值的连接。它是通过关键字（inner join 或者 join）把多表进行连接。连接操作中的 on（join_condition）子句指出连接条件，它由被连接表中的列和比较运算符、逻辑运算符等构成。

根据所使用的比较方式不同，内连接又分为等值连接、自然连接和不等连接 3 种。

① 等值连接：在连接条件中使用等于号（=）运算符比较被连接列的列值，其查询结果中列出被连接表中的所有列，包括其中的重复列。

图 3.19　交叉连接

② 不等连接：在连接条件使用除等于运算符以外的其他比较运算符比较被连接的列的列值。这些运算符包括>、>=、<=、<、!>、!<和<>。

③ 自然连接：在连接条件中使用等于（＝）运算符比较被连接列的列值，但它使用选择列表指出查询结果集合中所包括的列，并删除连接表中的重复列。

内连接有两种语法格式：

① SELECT 列名列表 FROM 表名1 [INNER] JOIN 表名2 ON 表名1.列名=表名2.列名

② SELECT 列名列表 FROM 表名1，表名2 WHERE 表名1.列名=表名2.列名

【例题 3.11】 用内连接方法连接 t1 和 t2 表，观察连接后的结果。

```
USE gerenlicai
SELECT a.学号, 姓名, 成绩 FROM t1 as A.JOIN t2 as b ON a.学号=b.学号
```

运行结果如图 3.20 所示，从图中可以看到，内连接所产生的记录是两个表中记录的交集。

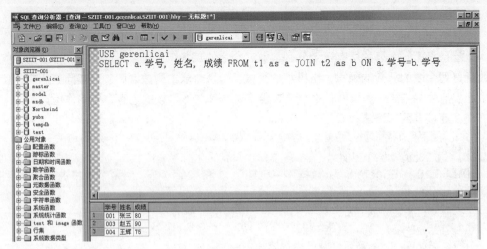

图 3.20　内连接

3. 外连接

外连接分为左外连接（left outer join 或 left join）、右外连接（right outer join 或 right join）和全外连接（full outer join 或 full join）3 种。与内连接不同的是，外连接不只列出与连接条件相匹配的行，而是列出左表（左外连接时）、右表（右外连接时）或两个表（全外连接时）中所有符合搜索条件的数据行。

（1）左外连接

给出两个表的匹配行，并且以左边的表为准，如果左边表有而右边表没有的行，则在右边表的相应行选择的列显示为 null，允许左边的基准表对应右边表多条满足条件的记录。左外连接就是返回左边的匹配行，不考虑右边的表是否有相应的行。

左外连接的语法格式为：

SELECT 列名列表 FROM 表名1 LEFT [OUTER] JOIN 表名2 ON 表名1.列名=表名2.列名

【例题 3.12】 用左外连接方法连接 t1 和 t2 两个表，观察连接后的结果。

```
USE gerenlicai
SELECT * FROM t1 as a LEFT JOIN t2 as b ON a.学号=b.学号
```

运行结果如图 3.21 所示，从图中看出，左外连接产生的结果中包含了 t1 表中的全部记录和 t2 表中的相关记录。可以交换代码中 t1 和 t2 的位置，再进行测试。

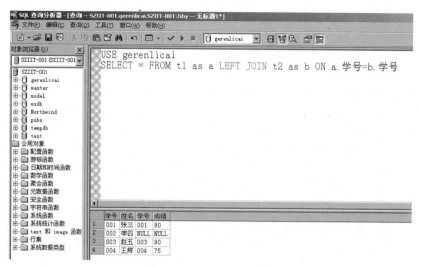

图 3.21　左外连接

（2）右外连接

给出两个表的匹配行，并且以右边的表为准，如果右边表有而左边表没有的行，则在左边表的相应行选择的列显示为 null，允许右边的基准表对应左边表多条满足条件的记录。右连接和左连接相反，它将返回右表的所有行。如果右表的某行在左表中没有匹配行，则将为左表返回空值（null）。

右外连接的语法格式为：

SELECT 列名列表 FROM 表名 1 RIGHT [OUTER] JOIN 表名 2 ON 表名 1.列名=表名 2.列名

【例题 3.13】　用右外连接方法连接 t1 和 t2 两个表，观察连接后的结果。

```
USE gerenlicai
SELECT * FROM t1 as a RIGHT JOIN t2 as b ON a.学号=b.学号
```

运行结果如图 3.22 所示，右外连接所产生的组合结果集中，包含了 t2 表中的全部记录和 t1 表中的相关记录，在相应的字段处被 null 值填充。

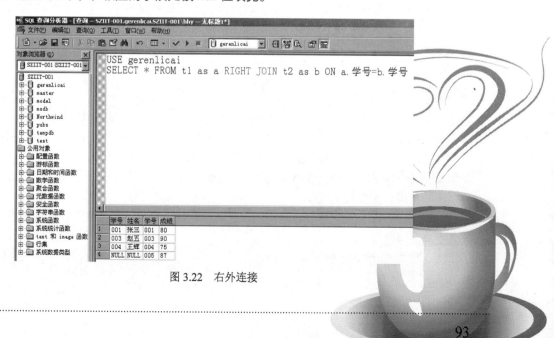

图 3.22　右外连接

（3）全外连接

全外连接返回左表和右表中的所有行。当某行在另一个表中没有匹配行时，则另一个表的选择列表列设置为空值。如果表之间有匹配行，则整个结果集行包含基表的数据值。

全外连接的语法格式为：

```
SELECT 列名列表 FROM 表名 1 FULL [OUTER] JOIN 表名 2 ON 表名 1.列名=表名 2.列名
```

【例题 3.14】 用全外连接方法连接 t1 和 t2 两个表，观察连接后的结果。

```
USE gerenlicai
SELECT * FROM t1 as a FULL JOIN t2 as b ON a.学号=b.学号
```

运行结果如图 3.23 所示，在结果集中除返回内连接的记录外，还显示出两个表中不符合条件的全部记录，并在左表或右表相应的位置设置 null。

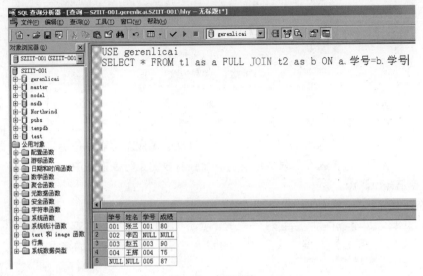

图 3.23　全外连接

4. 自连接

自连接是一张表的两个副本之间的内连接，使用它可以将同一个表的不同行连接起来。使用自连接，必须为表指定两个不同的别名，使之在逻辑上成为两个表。

【例题 3.15】 对 pubs 数据库中的 authors 表进行自连接，查询同一个州的作者的相关信息。

```
USE pubs
SELECT a.au_id, a.au_fname, a.au_lname, a.state FROM authors a JOIN authors b ON a.state=b.state AND a.au_id<>b.au_id
```

运行结果如图 3.24 所示，显示同一个表中一个字段值相同，其他字段值不同的相关信息。

【例题 3.16】 查找 Leixing 表中 "支出" 项目的相关信息。代码如下：

```
SELECT * FROM Leixing WHERE ShouZhi='支出'
```

运行结果如图 3.25 所示。

【例题 3.17】 多表连接查询已有的收支类型、收支项目、交易时间、收入金额、支出金额及交易账户信息。

```
SELECT ShouzhiLX, ShouzhiXX, JiaoyiSJ, JiaoyiJE, ZhanghuMC FROM Leixing as a inner join ShouzhiMX as b on a.LXBianhao=b.LXBianhao inner join Zhanghu as c on b.ZHBianhao=c.ZHBianhao
```

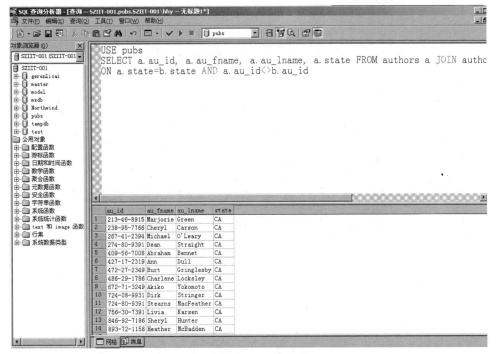

图 3.24　自连接

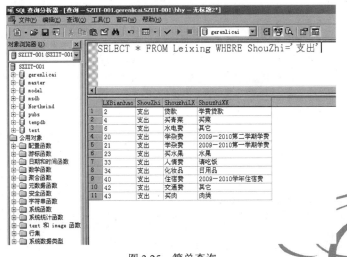

图 3.25　简单查询

运行结果如图 3.26 所示。

【例题 3.18】 查询账户表中类型为"信用卡"的账户的相关信息。代码如下：

```
SELECT * FROM Zhanghu WHERE ZhanghuLX='信用卡'
```

以上的运行结果自行查看得到。

【例题 3.19】 查找在 2010 年 12 月 1 日至 2010 年 12 月 14 日发生的"收支类型"和"收支项目"。代码如下：

```
SELECT ShouzhiLX, ShouzhiXX FROM Leixing as a inner join ShouzhiMX as b on
a.LXBianhao=b.LXBianhao WHERE JiaoyiSJ>='2010-12-1' AND JiaoyiSJ<='2010-12-14'
```

以上的运行结果自行查看得到。

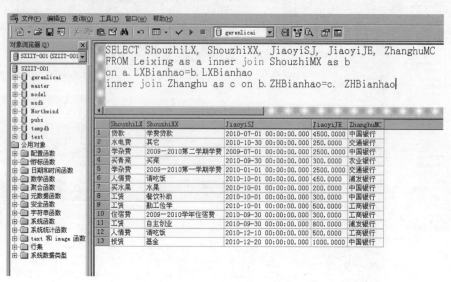

图 3.26 连接查询

第三部分 自学拓展

3.7 嵌套查询

嵌套查询是指在一个外层查询中包含另一个内层查询,即一个 SQL 查询语句块可以嵌套在另一个查询块的 where 子句或 having 子句中。其中,外层查询也称为父查询、主查询。内层查询也称为子查询、从查询。

子查询是 select 语句内的另外一条 select 语句,而且常常被称为内查询或是内 select 语句。select、insert、update 或 delete 命令中允许是一个表达式的地方都可以包含子查询,子查询甚至可以包含在另外一个子查询中。子查询语法格式为:

```
SELECT <目标表达式1>[,...]
    FROM <表或视图名1>
    WHERE [表达式] (SELECT <目标表达式2>[,...]
    FROM <表或视图名2>)
    [GROUP BY <分组条件>
    HAVING [<表达式>比较运算符] (SELECT <目标表达式2>[,...]
    FROM <表或视图名2>)]
```

使用子查询需要遵循以下语法规则。

① 子查询的 select 查询使用圆括号括起来。

② 不能包括 compute 或 for browse 子句。

③ 如果同时指定 top 子句,则可能只包括 order by 子句。

④ 子查询最多可以嵌套 32 层,个别查询可能会不支持 32 层嵌套。

⑤ 任何可以使用表达式的地方都可以使用子查询,只要它返回的是单个值。

⑥ 如果某个表只出现在子查询中而不出现在外部查询中，那么该表中的列就无法包含在输出中。

3.7.1 进行比较测试

嵌套查询内层子查询通常作为搜索条件的一部分呈现在 where 或 having 子句中。例如，把一个表达式的值和一个由子查询生成的一个值相比较，这个测试类似于简单比较测试。子查询比较测试用到的运算符是=、<>、<、>、<=、>=。子查询比较测试把一个表达式的值和由子查询的产生的一个值进行比较，返回比较结果为 true 的记录。

【例题 3.20】 从 ShouzhiMX 表检索数据，列出高于平均交易金额的交易信息。代码如下：

```
USE gerenlicai
SELECT * FROM ShouzhiMX WHERE JiaoyiJE>(SELECT AVG(JiaoyiJE) FROM ShouzhiMX)
```

3.7.2 进行集成员测试

一些嵌套内层的子查询会产生一个值，也有一些子查询会返回一列值，即子查询不能返回几行和几列数据的表。原因在于子查询的结果必须适合外层查询的语句。当子查询产生一系列值时，适合用带 in 的嵌套查询。把查询表达式单个数据和由子查询产生的一系列的数值相比较，如果数值匹配一系列值中的一个，则返回 true。not in 和 in 的查询过程相类似。

【例题 3.21】 从 ShouzhiMX 表中检索已经产生交易的账户信息。代码如下：

```
USE gerenlicai
SELECT * FROM Zhanghu WHERE ZHBianhao IN(SELECT ZHBianhao FROM ShouzhiMX)
```

3.7.3 进行存在性测试

exists 谓词只注重子查询是否返回行。如果子查询返回一个或多个行，谓词返回为真值，否则为假。exists 搜索条件并不真正地使用子查询的结果。它仅仅测试子查询是否产生任何结果。not exists 的作用与 exists 正相反。如果子查询没有返回行，则满足 not exists 中的 where 子句。

【例题 3.22】 从 ShouzhiMX 表中检索，查询有交易产生的账户信息。代码如下：

```
USE gerenlicai
SELECT * FROM Zhanghu WHERE EXISTS(SELECT * FROM ShouzhiMX WHERE Zhanghu.ZHBianhao=
ShouzhiMX.ZHBianhao)
```

3.7.4 进行批量比较测试

使用 any 运算符进行批量比较测试时，通过比较运算符将一个表达式的值与子查询返回的一列值中的每一个进行比较。只要有一次比较的结果为 true，则 any 测试返回 true。

使用 all 运算符进行批量比较测试时，通过比较运算符将一个表达式的值与子查询返回的一列值中的每一个进行比较。只要有一次比较的结果为 false，则 any 测试返回 false。

【例题 3.23】 从 Leixing 表中检索数据，查询一次交易金额在 100 元以上的交易类型信息。代码如下：

```
USE gerenlicai
SELECT * FROM Leixing WHERE 100<=ANY(SELECT JiaoyiJE FROM ShouzhiMX WHERE ShouzhiMX.
LXBianhao=Leixing.LXBianhao)
```

【例题 3.24】 从 ShouzhiMX 表检索数据，查询交易金额最高的交易信息。代码如下：

```
USE gerenlicai
SELECT * FROM ShouzhiMX WHERE JiaoyiJE>=ALL(SELECT JiaoyiJE FROM ShouzhiMX)
```

3.8 使用查询设计器完成操作

在表中查询记录、向表中添加记录或从表中删除记录，除使用相应的 Transact-SQL 语句命令外，还可以在查询设计器中进行，操作步骤如下。

① 打开企业管理器，依次展开"服务器组"、"服务器"、"数据库"节点，然后选择相应的数据库，如 gerenlicai 数据库。

② 单击表节点，右击详细窗口中要进行相应操作的表，然后在快捷选单中选择"打开表"→"查询"命令，打开如图 3.27 所示的"查询设计器"窗口。

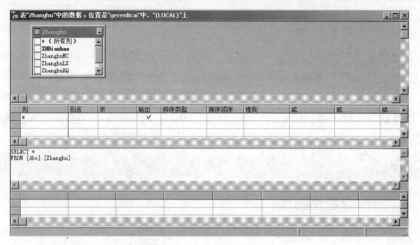

图 3.27 查询设计器窗口

在查询设计器中可以进行对表的插入、删除、修改、查询操作。查询设计器被分为以下 4 个窗格。

a. 关系图窗格，用来选择要操作的表或视图，单击工具栏上的"显示/隐藏关系图窗格"按钮，可以显示/隐藏该窗格。

b. 网格窗格，用来设置显示的列、查询条件、排序、分组，单击工具栏上的"显示/隐藏网格窗格"按钮，可以显示/隐藏该窗格。

c. SQL 窗格，用来输入和编辑查询语句，单击工具栏上的"显示/隐藏 SQL 窗格"按钮，可以显示/隐藏该窗格。

d. 结果窗格，用来显示 SELECT 语句执行的结果，单击工具栏上的"显示/隐藏结果窗格"按钮，可以显示/隐藏该窗格。

③ 单击工具栏中的"更改查询类型"按钮，在显示器右下角的快捷选单中选择下列命令之一。

a. 选择"选择"命令，执行"select……from……"语句的查询操作。

b. 选择"从中插入"命令，执行"insert……select"语句的插入操作。

c. 选择"插入到"命令，执行"insert……values"语句的插入操作。

d. 选择"更新"命令，执行 update 语句的修改操作。

e. 选择"删除"命令，执行 delete 语句的删除操作。

f. 选择"创建表"命令，执行"select……into……from"语句的创建新表操作。

④ 选择要操作的表添加到查询设计器窗口中。右击关系图窗格的空白处，选择"添加表"命令，或单击工具栏中的"添加表"按钮，选择要添加的表，如图 3.28 所示。

图 3.28　添加表

⑤ 选择要操作的列。在网格窗格中，从"列"框中选择要操作的列名；在"别名"框中可以给出在当前显示结果中的名称，若不输入别名，则使用表中的列名；在"表"框中选择来源表；在"输出"框中单击，表示该列要输出在结果集内，如图 3.29 所示。

图 3.29　网格窗格中添加字段

⑥ 设置"排序类型"和"排序顺序"；在"准则"框中输入条件表达式，设置筛选的条件；写在同一列上的表达式是"与"的关系，写在不同列上的表达式是"或"的关系。

⑦ 单击工具栏上的"运行"按钮，在结果窗格中查看运行结果。

在本任务第二部分基本技能中使用 SQL 语句练习的增删改查操作，使用查询设计器环境再操作一次，本部分不再提供新的例题。

第四部分　基本训练

一、选择题

1. 下列哪种情况适合建立索引（　　　）?

A. 在查询中很少被引用的列。　　　B. 在 order by 子句中式用的列。

C. 包含太多重复选用值的列。　　　D. 数据类型为 bit、text、image 等的列。

2. 下列哪种情况不适合建立索引（　　　）?

A. 经常被查询搜索的列。　　　B. 包含太多重复选用值的列。

C. 是外键或主键的列。　　　D. 该列的值唯一的列。

3. 下列说法中正确的是（　　　）。

A. SQL 中局部变量可以不声明就使用。

B. SQL 中全局变量必须先声明再使用。

C. SQL 中所有变量都必须先声明后使用。

D. SQL 中只有局部变量先声明后使用；全局变量是由系统提供的，用户不能自己建立。

4. 下面对索引的相关描述正确的是（　　　）。

A. 经常被查询的列不适合建索引。

B. 列值唯一的列适合建索引。

C. 有很多重复值的列适合建索引。

D. 是外键或主键的列不适合建索引。

二、填空题

1. SQL 语言中行注释的符号为_____；块注释的符号为_____。使用索引可以减少检索时间，根据索引的存储结构不同将其分为两类：_____和_____。

2. SQL Server 中的变量分为两种，全局变量和局部变量。其中，全局变量的名称以_____字符开始，有系统定义和维护；局部变量以_____字符开始，由用户自己定义和赋值。

3. 对数据进行统计时，求最大值的函数是_____。

三、简答题

1. 为什么要创建索引？

2. 使用索引有哪些优点？

3. 使用哪个系统存储过程可以查看索引信息？

4. 按照存储结构划分，索引分为哪两类？各有何特点？

任务四 自定义个人收支账目

——视图操作

 学习情境

站在用户的角度，通过前台操作软件，只关心能否快速查找到满足用户需求的数据，而不会过多注意后台数据库的结构、表的结构、数据是如何存放等之类的问题。基于数据库的查询操作常常需要同时操作多个表格，但是，在数据库中，数据的存在状态只有一种。为了满足用户不同的查询需求，在上个任务中，介绍了表的连接的操作方式。为了从多个表中检索满足要求的字段信息，可以使用 inner join 等多种运算符连接多个表。例如，在 gerenlicai 数据库中，完成以下指定需求的数据查找。

1. 查找收支所有类型的统计信息

如图 4.1 所示，显示收支类型的统计信息。

图 4.1　收支类型统计信息

相应的代码如下：

```
select 项目名称=b.shouzhilx,次数=count(a.lxbianhao),合计=sum(JiaoyiJE)from ShouzhiMX
as a inner join leixing as b on a.LXBianhao=b.LXBianhao where JiaoyiSJ between '2010-1-1'
and '2010-12-16' Group By b.shouzhilx
```

为了查询满足用户需求的数据，进行了 ShouzhiMX 表和 Leixing 表的内连接。

2. 查找收入类型的统计信息

如图 4.2 所示，显示收入类型的统计信息。

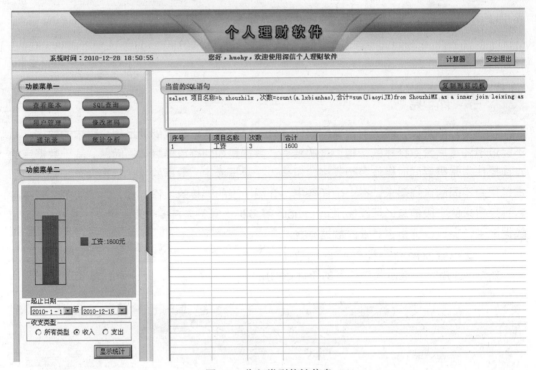

图 4.2　收入类型统计信息

相应的代码如下：

```
select 项目名称=b.shouzhilx ，次数=count(a.lxbianhao)，合计=sum(JiaoyiJE)from
ShouzhiMX as a inner join leixing as b on a.LXBianhao=b.LXBianhao where JiaoyiSJ between
'2010-1-1' and '2010-12-16' and b.shouzhi='收入' Group By b.shouzhilx
```

为了查询满足用户需求的数据，再次进行了 ShouzhiMX 表和 Leixing 表的内连接。

3. 查找支出类型的统计信息

如图 4.3 所示，显示支出类型的统计信息。

相应的代码如下：

```
select 项目名称=b.shouzhilx ，次数=count(a.lxbianhao)，合计=sum(JiaoyiJE)from
ShouzhiMX as a inner join leixing as b on a.LXBianhao=b.LXBianhao where JiaoyiSJ between
'2010-1-1' and '2010-12-16' and b.shouzhi='支出' Group By b.shouzhilx
```

为了查询满足用户需求的数据，又一次进行了 ShouzhiMX 表和 Leixing 表的内连接。

从上述查询语句中可以看出，语句本身是比较长的。如果需要经常查看这样的信息，就要重复输入这个查询，这显然是比较麻烦的。如果打算以某种方式重复使用，除在查询分析器中将所使用的语句保存到磁盘文件中外，还可以在查询语句的基础上建立视图，从而简化查询操作。

在查询分析器中，可以使用 create view 语句建立一个视图。例如：

```
CREATE VIEW tongjixinxi
AS
SELECT 项目名称=b.shouzhilx ，次数=count(a.lxbianhao)，合计=sum(JiaoyiJE) FROM
ShouzhiMX as a INNER JOIN leixing as b on a.LXBianhao=b.LXBianhao
```

图 4.3 支出类型统计信息

所建视图的名称是"tongjixinxi",它可以出现在另一个 select 语句的 from 子句中。如执行下列语句即可检索相关信息,在此基础上,还可以设置查询条件。此时,视图如同表一样来使用。视图是预编译的查询,以后可以直接调用视图,而免去重复写查询的麻烦。

```
SELECT * FROM tongjixinxi
```

第一部分 基 本 知 识

4.1 视图的基本概念

4.1.1 视图概述

顾名思义,视图是可以看的图形。用图形来表示数据库中表或表之间的关系,是虚拟表,是来自其一个表或多个表的行或列的子集。临时表是暂时存在的,而视图是以文件存储的,只要不人为删除,是永久存储的,所以视图不是临时表。

视图是非常重要的概念,作为查询所定义的虚拟表,视图在 SQL Server 的用途非常广泛。如果要创建一个视图,为其指定一个名称和查询即可。SQL Server 只保存视图的元数据,用户描述这个对象,以及它所包含的列、安全、依赖等。查询视图时,无论是获取数据还是更新数据,SQL Server 都用视图的定义来访问基础表。视图能够从多个数据表中提取数据,并以单个表的形式显示查询结果,这样,可以把针对多表的数据查询转变为对视图的单表查询。在使用视图时也有一些限制。例如,对于简单的视图,可以进行更新操作,但对于复杂的视图，则不允许进行更新操作。

SQL Server 视图在日常使用中扮演着许多重要的角色，比如可以利用视图访问经过筛选和处理的数据，而不是直接访问基础表，这在一定程度上也保护了基础表。

1. 视图的内容

一般来说，视图的内容包括以下几个方面。

① 基表的列的子集或行的子集，可以是基表的一部分。

② 两个或多个基表的联合，是对多个基表进行联合运算检索的 select 语句。

③ 两个或多个基表的连接，是通过对若干个基表的连接生成的。

④ 基表的统计汇总，不仅仅是基表的投影，还可以是经过对基表的各种复杂运算的结果。

⑤ 另外一个视图的子集，可以基于表，也可以基于另一个视图。

⑥ 视图和基表的混合，在视图的定义中，视图和基表可以起到同样的作用。

2. 视图的功能

① 将用户限定在表中的特定行上。例如，只允许雇员看见工作跟踪表内记录其工作的行。

② 将用户限定在特定列上。例如，对于那些不负责处理工资单的雇员，只允许他们看见雇员表中的姓名列、办公室列、工作电话列和部门列，而不能看见任何包含工资信息或个人信息的列。

③ 将多个表中的列连接起来，使它们看起来像一个表。

3. 视图与表的区别

视图（view）其实是执行查询语句后得到的结果，但这个查询结果可以仿真成数据表来使用，所以有人也称它为"虚拟数据表"。视图在操作上和数据表没有什么区别，但两者的在本质是不同的：数据表是实际存储记录的地方，然而视图并不保存任何记录，它存储的实际上是查询语句，其所呈现出来的记录实际来自于数据表，可以为多张数据表，由此可以预见到视图应用的弹性。我们可以依据各种查询需要创建不同视图，但不会因此而增加数据库的数据量。视图和表的区别如下。

① 视图是已经编译好的 SQL 语句，而表不是。

② 视图没有实际的物理记录，而表有。

③ 表是内容，视图是窗口。

④ 表只用物理空间而视图不占用物理空间，视图只是逻辑概念的存在，表可以及时对它进行修改，但视图只能由创建的语句来修改。

⑤ 视图是查看数据表的一种方法，可以查询数据表中某些字段构成的数据，只是一些 SQL 语句的集合。从安全的角度说，视图可以不给用户接触数据表，从而不知道表结构。

⑥ 表属于全局模式中的表，是实表；视图属于局部模式的表，是虚表。

⑦ 视图的建立和删除只影响视图本身，不影响对应的基本表。

4. 视图与查询的区别

因为视图是由 select 语句构成的，所以很多时候，人们把查询和视图等同起来，二者的区别主要表现在以下几个方面。

（1）存储

视图存储为数据库设计的一部分，而查询则不是。

（2）更新结果

对视图和查询的结果集更新限制是不同的。

（3）排序结果

可以排序任何查询结果，但是只有当视图包括 top 子句时才能排序视图。

（4）生成查询计划

查询计划是内部策略，通过它数据库服务器尝试快速创建结果集。数据库服务器可以在保存视图后立即为视图建立查询计划。但是对于查询，数据库服务器直到查询实际运行时才能建立查询计划。

（5）参数设置

可以为查询创建参数，但不能为视图创建参数。

（6）加密

可以加密视图，但不能加密查询。

4.1.2 视图的优点

1. 集中数据，简化操作

视图可以简化用户处理数据的方式，以便使用户不必在每次对该数据执行附加操作时指定所有条件和条件限定。例如，可以将一个用于报表目的且执行子查询、外连接和聚合来从一组表中检索数据的复杂查询创建为视图。视图简化了对数据的访问，因为每次生成报表时无需编写或提交基础查询，而是查询视图。

2. 数据安全及保密

使用视图加强数据的安全，对不同用户授予不同的权限。一般通过使用视图共有 3 种途径加强数据的安全性。

① 对不同用户授予不同的使用权。

② 通过使用 select 子句限制用户对某些底层基表的列的访问。

③ 通过使用 where 子句限制用户对某些底层基表的行的访问。

3. 自定义数据

视图允许用户以不同方式查看数据，即使在他们同时使用相同的数据时也是如此。这在具有许多不同目的和技术水平的用户共用同一数据库时尤其有用。例如，可创建一个视图以仅检索由客户经理处理的客户数据。该视图可以根据使用它的客户经理的登录 ID 决定检索哪些数据。

4. 导入导出数据

有时 SQL Server 数据库需要与其他类型的数据库交换数据，如果 SQL Server 数据库中的数据存放在多个表中，进行数据交换操作就比较麻烦。若将需要交换的数据集中到一个视图内，再将视图中的数据与其他类型的数据库中数据交换，这就简化了数据的交换操作。总之，善于运用视图可以让数据库的设计、管理及使用都更加有效率、更加方便。

第二部分 基本技能

4.2 创建个人收入明细视图

SQL Server 提供了几种创建视图的方法：用企业管理器、Transact-SQL 语句中的 create view 命令和创建视图向导来创建视图。创建视图时应注意以下情况。

① 只能在当前数据库中创建视图,在视图中最多只能引用 1 024 列,视图中记录的数目限制只由其基表中的记录数决定。

② 如果视图引用的基表或者视图被删除,则该视图不能再被使用,直到创建新的基表或者视图。

③ 如果视图中某一列是函数、数学表达式、常量或者来自多个表的列名相同,则必须为列定义名称。

④ 不能在视图上创建索引,不能在规则、缺省、触发器的定义中引用视图。

⑤ 当通过视图查询数据时,SQL Server 要检查以确保语句中涉及的所有数据库对象存在,每个数据库对象在语句的上下文中有效,而且数据修改语句不能违反数据完整性规则。

⑥ 视图的名称必须遵循标识符的规则,且对每个用户必须是唯一的。此外,该名称不得与该用户拥有的任何表的名称相同。

4.2.1 企业管理器创建视图

在企业管理器中创建视图的操作步骤如下。

① 选择"新建视图"命令。打开企业管理器,依次展开"服务器组"、"服务器"、"数据库"节点,选择要创建视图的数据库 gerenlicai。右击"视图",在弹出的快捷选单中,单击"新建视图"命令,如图 4.4 所示。

图 4.4 选择"新建视图"命令

② 选择基表。单击工具栏上的"添加表"按钮,然后在"添加表"对话框中选择要操作的表 ShouzhiMX 和 Leixing。根据需要也可以选择视图和函数。单击"添加"按钮。添加完毕,单击"关闭"按钮关闭对话框,如图 4.5 所示。

③ 选择视图引用的列。在视图设计器中,第一个窗格,选中相应表的相应列左边的复选框来选择视图引用的列;也可以通过第二个窗格的"列"栏上选择列名;或者在第三个窗格输入 select 语句选择视图引用的列,如图 4.6 所示。

图 4.5 "添加表"对话框

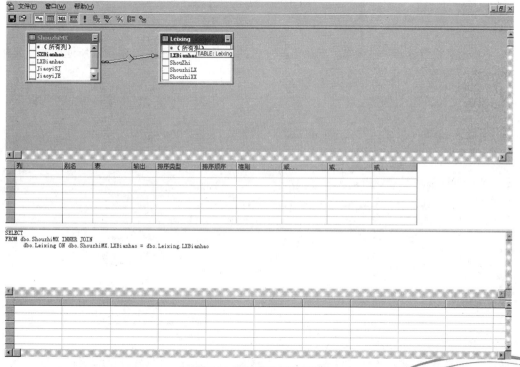

图 4.6 视图设计器对话框

④ 设置过滤记录的条件。在"准则"栏目中输入过滤记录的条件。比如要求交易金额大于 100，则在"JiaoyiJE"行所对应的"准则"列中输入">100"。单击工具栏上的"验证SQL"按钮 ，对所输入语句的正确性进行检查。

⑤ 设置视图的其他属性。右击窗格任意位置，从弹出的快捷选单中选择"属性"命令，如图 4.7 所示，可以设置以下选项。

a. 若要在 select 语句中添加一个 distinct 关键字，以过滤结果集中包含的重复记录，则应当选中"DISTINCT 值"复选框。

b. 若要对视图进行加密处理，选中"加密浏览"复选框。

c. 若要指定在结果集中返回若干行记录，应选取"顶端"复选框，并在下面的文本框输入行数，也可以在行数后面输入 persent 关键字，以指定在结果集中返回百分之几的记录。

图 4.7 设置视图的属性

⑥ 预览视图返回的结果集。单击工具栏上的"运行"按钮 ！，对视图所返回的结果集进行预览，如图 4.8 所示。

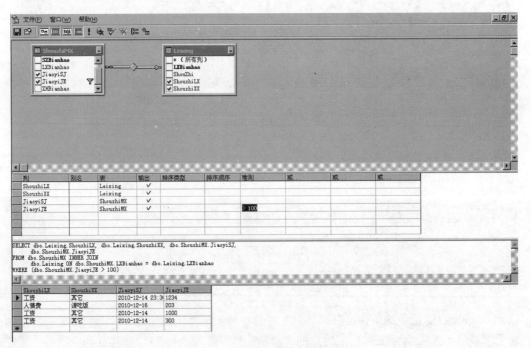

图 4.8 预览视图返回的结果集

⑦ 保存视图。当预览结果符合要求时，在工具栏上单击"保存"按钮，或者右击任何一个窗格，然后在弹出的选单中选择"保存"命令，并在"另存为"对话框中为所建立的视图指定一个名称，再单击"确定"按钮，将这个视图保存到数据库中。

4.2.2 create view 语句创建视图

创建视图的语法格式如下：

```
CREATE VIEW  view_name [ ( column[ ,…n ] ) ]
with encryption
 AS select_statement
with check option
```

参数说明。

① create view：关键字，表示创建视图。

② view_name：新创建的视图名称。

③ as：表示视图要执行的查询操作。

④ select_statement：表示视图要执行的查询语句。

⑤ with encryption 选项：指定加密创建视图的文本。

⑥ with check option 选项：指定检查通过视图修改数据的操作。

当 create view 语句中不说明列名表时，列名由 select 语句确定，但以下情况必须说明视图的列名：

① select 的目标表中有内部函数或表达式；

② 目标表中含有多表连接的连接字段名；

③ 视图中的字段名与导出表不同。

按照当前任务的要求，创建个人收入明细视图，其内容包括收支类型、收支信息、交易时间及交易金额。代码如下：

```
USE gerenlicai
GO
CREATE VIEW shourumingxi
  AS
SELECT dbo.Leixing.ShouzhiLX AS 收支类型, dbo.Leixing.ShouzhiXX AS 收支信息,dbo.
ShouzhiMX.JiaoyiSJ AS 交易时间, dbo.ShouzhiMX.JiaoyiJE AS 交易金额 FROM dbo.ShouzhiMX
INNER JOIN dbo.Leixing ON dbo.ShouzhiMX.LXBianhao = dbo.Leixing. LXBianhao WHERE
(dbo.Leixing.ShouZhi = '收入')
  GO
```

操作结果如图 4.9 所示。

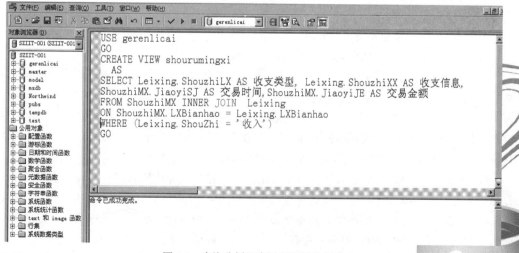

图 4.9　查询分析器中运行视图的创建

将 SQL 语句粘贴到前台的"SQL 查询"模块的文本框中，单击"执行"按钮，能直接通过前台看到视图的运行效果，如图 4.10 所示。

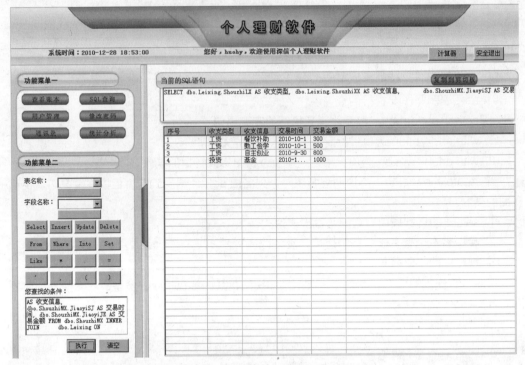

图 4.10　前台操作显示视图运行效果

4.2.3　使用向导创建视图

使用向导可以很容易地创建视图，其具体操作步骤如下。

① 在企业管理器中，选择工具菜单中的"向导"，在出现的对话框中选择"创建视图向导"。

② 双击"创建视图向导"，或单击"确定"，出现欢迎使用向导对话框。

③ 单击"下一步"，选择要用的数据库，如图 4.11 所示。

④ 选择 gerenlicai 数据库，单击"下一步"，在出现的对话框中列出了所有 gerenlicai 中的表，在这些表的右边的复选框标志表明该表是否已经被选择。

⑤ 选择表后，单击"下一步"，则出现选择创建视图所使用的基表中的字段对话框。在该对话框中选择要包含在视图中的字段，所选基表中的全部字段都列了出来，选择字段右边的复选框，指定视图包含的字段，如图 4.12 所示。

⑥ 单击"下一步"，则出现定义限制对话框，在该对话框中输入查询语句的限制条件，默认时视图将显示基表中所选字段的所有信息，如图 4.13 所示。

⑦ 单击"下一步"，则出现为视图命名的对话框。输入新建的视图名称后，单击"下一步"，出现一个确认对话框，单击"完成"，即可创建视图，如图 4.14 所示。

【例题 4.1】　根据以上讲述的 3 种方法，完成个人支出明细视图的创建，具体代码如下：

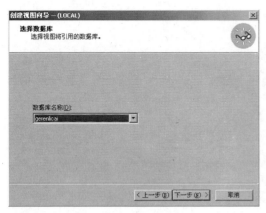

图 4.11 "选择数据库"对话框

图 4.12 "选择列"对话框

图 4.13 定义限制条件

图 4.14 视图创建完成

```
USE gerenlicai
GO
CREATE VIEW zhichumingxi
  AS
SELECT Leixing.ShouzhiLX AS 收支类型, Leixing.ShouzhiXX AS 收支信息,
ShouzhiMX.JiaoyiSJ AS 交易时间,ShouzhiMX.JiaoyiJE AS 交易金额
FROM ShouzhiMX INNER JOIN  Leixing
ON ShouzhiMX.LXBianhao = Leixing.LXBianhao
WHERE (Leixing.ShouZhi = '支出')
GO
```

在前台的"SQL 查询"模块，录入 SQL 语句，单击"执行"按钮，看到直观的运行效果。

4.3 视图的管理

4.3.1 修改视图

1．使用企业管理器修改视图

① 在企业管理器依次展开"服务器组"、"服务器"、"数据库"节点。

② 选择目标数据库，单击"视图"节点，在详细窗口中右击要修改的视图，在弹出的快捷选单中选择"设计视图"命令，弹出视图设计器窗口，如图 4.15 所示。

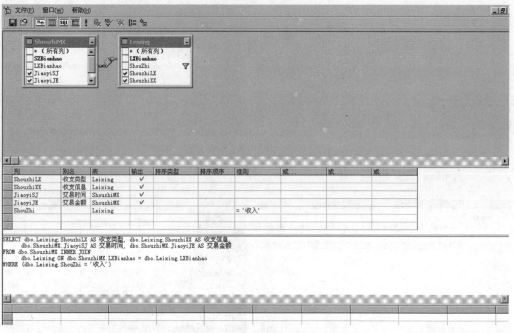

图 4.15 视图设计器窗口

③ 若要在视图定义中添加引用表或视图，右击任何一个窗格并选择"添加表"命令，然后在"表"、"视图"或"函数"选项卡中双击要添加的表、视图或函数。

④ 若要从视图定义中删除某个引用表、视图或函数，右击要删除的对象并选择"删除"命令。

⑤ 若要在视图定义中添加引用字段，在网格窗口中单击某个空白的"列"单元格，然后从列表中选择所需字段。

⑥ 对于每一个引用的字段，选中或取消"输出"列中的复选框来控制字段是否要在结果集中显示。

⑦ 若要对结果集分组，右击网格窗格，然后选择"分组"命令。

⑧ 若要在某个字段上设置条件，在相应的"准则"单元格中输入所需要的运算符和表达式，以生成 where 子句。如果已在该字段上设置了分组，则会生成 having 子句。若要设置附加的条件，在"或"列中输入有关内容。

⑨ 若要设置视图的其他属性，右击任何一个空格的空白并选择"属性"命令，然后在"属性"对话框中选择相关选项，如图 4.16 所示。

⑩ 修改完毕，单击"运行"按钮，浏览视图所返回的结果集。

图 4.16 视图的"属性"对话框

⑪ 单击"保存"按钮，保存对视图的修改。

2. 使用 alter view 修改视图

使用 alter view 语句修改视图，必须拥有使用视图的权限，然后才能使用 alter view 语句，该语句语法如下：

```
ALTER VIEW view_name  [(column[,..n])]
[WITH ENCRYPTION]
AS
select_statement
[WITH CHECK OPTION]
```

① view_name 用于指定要修改的视图。

② column 用于指定一列或者多列的名称，用逗号分开，它们将成为给定视图的一部分。

③ select_statement 用于指定定义视图的 select 语句。

④ WITH ENCRYPTION 用于加密存储在 syscomments 表中 alter view 语句的文本条目，使用此选项可防止将视图作为 SQL Server 复制的一部分发布。

⑤ WITH CHECK OPTION 用于强制视图上执行的所有数据修改语句都必须符合由定义视图的 select_statement 设置的准则。

应该注意的是，如果原来的视图定义是用 with encryption 或 with check option 语句创建的，那么只有在 alter view 语句中，也包含这些选项时，这些选项才有效。

【例题 4.2】在 pubs 数据库中创建一个名为 all_authors 的视图，然后用 alter view 语句对这个视图进行修改，要求在修改后的视图中使用中文表示视图中的字段名，并对视图进行加密处理，而且强制通过该视图插入或修改时的数据满足 where 子句所指定的选择条件。代码如下：

```
USE pubs
GO
CREATE VIEW all_authors
AS
  SELECT au_fname, au_lname, address, city, zip, phone  FROM authors
GO
ALTER VIEW all_authors(姓名, 地址, 城市, 邮政编码, 电话号码)
WITH ENCRYPTION
AS
  SELECT au_fname+SPACE (1)+au_lname, address, city, zip, phone FROM authors
WITH CHECK OPTION
GO
```

3. 重命名视图

在数据库中创建一个视图后，不仅可以对视图的定义进行修改，也可以对视图的名称进行修改。使用企业管理器或 sp_rename 系统存储过程都可以对视图进行重命名。

（1）使用企业管理器重命名视图

在企业管理器中对视图进行重命名，与在 Windows 资源管理器中对文件或文件夹更名很相似。步骤如下。

① 在企业管理器中，展开"服务器组"、"服务器"。

② 展开"数据库"文件夹，然后展开要重命名的视图所在的数据库。

③ 在目标数据库下单击"视图"节点。

④ 在详细信息窗格中单击要重命名的视图，然后选择"操作"→"重命名"命令，使

该视图的名称文本进入编辑状态，如图 4.17 所示。

⑤ 为视图输入新的名称。回车，完成重命名的操作。

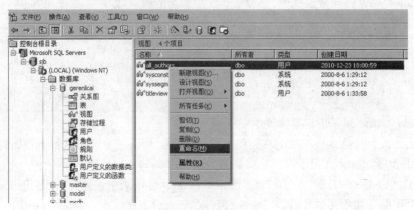

图 4.17　重命名视图

（2）使用 sp_rename 重命名视图

sp_rename 是一个系统存储过程，其功能是系统已经定义好的，具有对视图重命名的功能。

【例题 4.3】 使用 sp_rename 系统存储过程对视图进行重命名。在 pubs 数据库中，将 all_authors 视图更名为 all_authors_info。代码如下：

```
USE pubs
GO
EXEC sp_rename 'all_authors', 'all_authors_info', 'object'
GO
```

4.3.2　查看视图

每当创建了一个新的视图后，则在系统说明的系统表中就定义了该视图的存储，因此可以使用系统存储过程 sp_help 显示视图特征，使用 sp_helptext 显示视图在系统表中的定义，使用 sp_depends 显示该视图所依赖的对象。除视图外，系统存储过程 sp_help 和 sp_depends 可以在任何数据库对象上运行。另外，也可以在企业管理器中显示视图的定义。下面分别进行介绍。

1．查看视图的基本信息

视图的基本信息主要是指视图的名称、所有者、类型及创建日期等信息。使用 sp_help 命令和企业管理器都可以查看视图的基本信息。

（1）使用 sp_help 查看视图的基本信息

语法格式如下：

```
[EXECUTE] sp_help 视图名
```

【例题 4.4】 显示视图 all_authors_info 的基本信息。代码如下：

```
USE pubs
GO
sp_help all_authors_info
```

运行结果如图 4.18 所示。

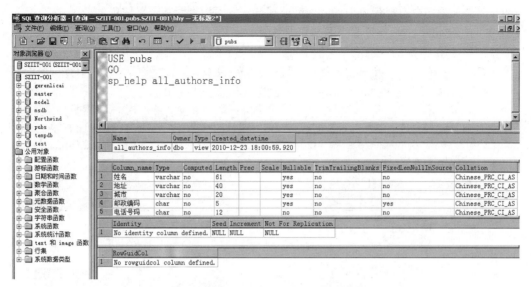

图 4.18　使用 sp_help 查看视图基本信息

（2）使用企业管理器查看视图的基本信息

① 在企业管理器中，依次展开"服务器组"、"服务器"、"数据库"节点，选择要查看视图的数据库，比如 pubs。

② 选中相应数据库下的"视图"图标，在右边的详细窗口显示视图的基本信息。如图 4.19 所示，包括视图的名称、所有者、类型及创建日期等。

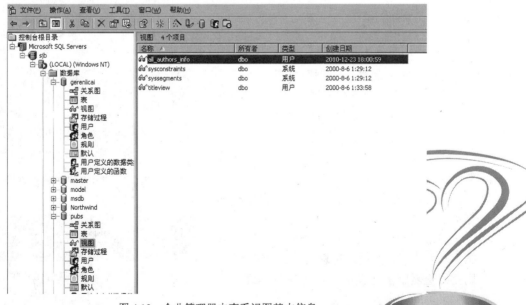

图 4.19　企业管理器中查看视图基本信息

2. 查看视图的定义信息

在创建视图时，若定义语句中带有 with encryption 子句，则表示对当前视图进行了加密处理，使视图的定义不能被他人查看，即使是视图所有者和系统管理员也不能看到其定义的内容。若定义语句中不带有 with encryption 子句，则可以查看其定义信息。

（1）使用 sp_helptext 查看视图定义信息

语法格式如下：

```
[EXECUTE] sp_helptext 视图名
```

【例题 4.5】 查看视图 all_authors_info 的定义信息。代码如下：

```
USE pubs
GO
sp_helptext all_authors_info
```

运行结果如图 4.20 所示。

图 4.20　使用 sp_helptext 查看视图定义信息

（2）使用企业管理器查看视图定义信息

① 在企业管理器中，依次展开"服务器组"、"服务器"、"数据库"节点，然后选择要查看视图所在的数据库。

② 在目标数据库下选中"视图"图标，在右边的详细窗口，右击要查看定义信息的视图，在弹出的快捷选单中单击"属性"命令，弹出"查看属性"对话框，如图 4.21 所示。

③ 在"查看属性"对话框中显示了视图的定义信息。若要对视图代码进行修改，可以在文本框中对代码进行修改，然后单击"检查语法"按钮，以检查是否存在语法错误。

④ 单击"确定"按钮，关闭"查看属性"对话框。

3．查看视图与其他数据库对象之间的依赖关系

如果想知道视图中的数据来源于哪些数据库对象，哪些数据库对象引用了当前视图，则需要查看视图与其他数据库对象之间的依赖关系。

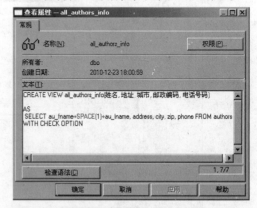

图 4.21　在企业管理器中查看视图的定义信息

（1）使用 sp_depends 查看视图的依赖关系

语法格式如下：

```
[EXECUTE] sp_depends 视图名
```

【例题 4.6】 查看视图 all_authors_info 与其他数据库对象的依赖关系。代码如下：

```
USE pubs
GO
sp_depends all_authors_info
```

运行结果如图 4.22 所示。

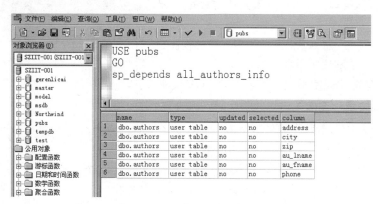

图 4.22　使用 sp_depends 查看视图的依赖关系

（2）使用企业管理器查看视图的依赖关系

① 在企业管理器中，依次展开"服务器组"、"服务器"、"数据库"节点，然后选择视图所在的数据库。

② 单击数据库下的"视图"图标，在右边显示详细窗口中，右击可查看依赖关系的视图，在弹出的快捷选单中，选择"所有任务"选项下的"显示相关性"命令。

③ 如图 4.23 所示，左边的列表框中显示的是哪些数据库对象引用了本视图，右边的列表框显示的是视图引用了哪些表。

图 4.23　在企业管理器中查看视图的依赖关系

④ 单击"关闭"按钮，关闭"相关性"对话框。

4.3.3　删除视图

对于不再需要的视图，应当及时地从数据库中删除掉。若在某视图上创建了其他数据库对象，则该视图仍然可以被删除掉，但是任何创建在该视图上的数据库对象的操作将会发生错误。

1．使用企业管理器删除视图

① 展开"服务器组"、"服务器"。

② 展开"数据库"文件夹，展开待删除的视图所在的数据库。

③ 单击"视图"节点，然后单击要删除的视图，选择"操作" → "删除"命令。

④ 若要查看该视图与当前数据库中的其他对象之间的依赖关系，在如图 4.24 所示的"除去对象"对话框中单击"显示相关性"按钮。

⑤ 单击"全部除去"按钮，完成删除操作。

2．使用 drop view 语句删除视图

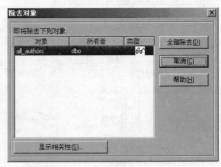

图 4.24 "除去对象"对话框

使用 Transact-SQL 语句 drop view 删除视图，语法如下：

```
DROP VIEW {view_name}[,..n]
```

参数说明如下。

① drop view：关键字，表示删除视图，view 是欲删除的视图名称。

② n：表示一次可以删除多个视图，视图名称之间用逗号分隔。

【例题 4.7】 从 pubs 数据库中删除名为 titleview 的视图。代码如下：

```
USE pubs
GO
DROP VIEW titleview
```

第三部分 自学拓展

4.4 使用视图

通过视图可以方便地检索到任何所需的数据信息，还可以利用视图对创建视图的内部表进行数据修改，如插入记录、更新记录和删除记录等。使用视图修改数据时，需注意以下几点。

① 修改视图中的数据时，不能同时修改两个或者多个基表，可以对基于两个或多个基表或者视图的视图进行修改，但是每次修改都只影响一个基表。

② 不能修改那些通过计算得到的字段，如包含计算值或者合计函数的字段。

③ 如果在创建视图时指定了"WITH CHECK OPTION"选项，那么所有使用视图修改数据库信息时，必须保证修改后的数据满足视图定义的范围。

④ 执行 update、delete 命令时，所删除与更新的数据必须包含在视图的结果集中。

⑤ 如果视图引用多个表时，无法用 delete 命令删除数据，若使用 update 命令则应与 insert 操作一样，被更新的列必须属于同一个表。

下面分别介绍如何通过视图来插入、更新和删除数据。

4.4.1　使用视图向表中插入数据

使用 insert 语句既可以向表中添加一行，也可以向视图添加一行。但由于视图本身是不能用来存储数据的，通过一个视图所添加的行实际上是存储在由该视图引用的基表中，因此必须满足一些要求才能通过视图向基表中添加行。

1．对未引用列的要求

通常在视图中引用的是基表中的部分列，还有一些列没有在视图中被引用。若要通过视图向基表中添加行，必须具备下列条件之一：

① 允许 null 值，SQL Server 在其中填上一个空值；

② 设置默认值，SQL Server 在其中填上预设的默认值；

③ 是标识列，具有自动编号的属性，SQL Server 在其中填上一个整数值；

④ 该列的数据类型为 timestamp，SQL Server 在其中填上一个时间戳数据；

⑤ 该列的数据类型为 uniqueidentifier，SQL Server 在其中填上一个唯一的识别码。

2．对查询语句的要求

① 在查询语句中不包含计算列，这些计算列是由表中的一个或多个列经过运算或使用函数后生成的。

② 在查询语句中没有使用各种汇总函数，如 avg、count、sum、min 及 max 等。

③ 在查询语句中没有使用 top、group by 或 distinct 等子句。

3．对 insert 语句的要求

如果在视图中引用了来自于多个基表的列，则当使用一个 insert 语句向视图中添加行时，在这个语句中就只能指定同一个表中的列。因此，要通过视图向多个基表添加行，就需要多次执行 insert 语句。

【例题 4.8】 在 gerenlicai 数据库中创建的视图 shourumingxi 中添加一行数据。因为 shourumingxi 视图引用了 ShouzhiMX 表和 Leixing 表，因此，若要通过该视图向两个基表添加数据，应该分别使用两个 insert 语句。

```
USE gerenlicai
GO
INSERT INTO shourumingxi (收支类型，收支信息) VALUES(股票营利,基金)
INSERT INTO shourumingxi (交易时间，交易金额) VALUES('2010-12-23', 2000)
GO
```

运行结果如图 4.25 所示。

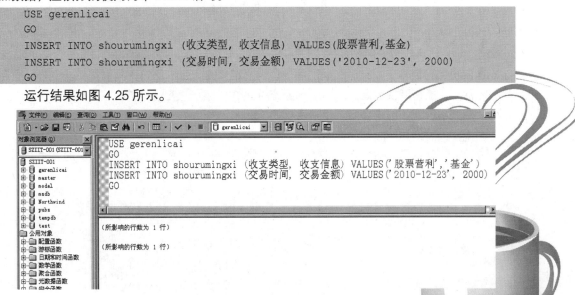

图 4.25　通过视图添加表数据

4.4.2 使用视图更新表中数据

如果希望通过视图修改表中的数据，首先必须保证这个视图是可更新的，这就要求查询语句中没有汇总函数，也没有计算列，此外在查询语句的 from 子句中必须至少引用了一个表。使用 update 语句既可以直接对一个表中的数据进行修改，也可以通过一个可更新的视图对基表中的数据进行修改。需要满足以下要求。

① 在一个 update 语句中修改的列必须是属于同一个基表的。若要对多个基表的数据进行修改，则需要使用多个 update 语句来完成。

② 对于基表数据的修改，必须满足在列上设置的约束，如是否违反了唯一约束、空值约束等。

③ 如果在视图中定义了 with check option 子句，则通过视图进行修改时提供的数据就必须满足 select 语句中的选择条件，否则 update 语句将被中止，并返回错误信息。

【例题 4.9】 在 gerenlicai 数据库中通过 shourumingxi 视图修改表的数据。代码如下：

```
USE gerenlicai
GO
UPDATE shourumingxi SET 收支信息='勤工俭学'
```

运行结果如图 4.26 所示。

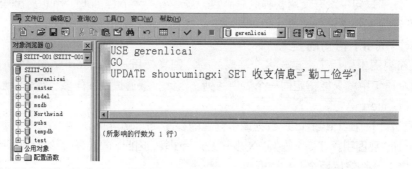

图 4.26　通过视图修改表数据

4.4.3 使用视图删除表中数据

通过视图删除基表数据时，必须保证该视图定义的 from 子句中只引用了一个表，而且要删除的行不能违背视图定义的 where 子句中的条件限制。在这个前提下，可以使用 delete 语句从基表中删除一行或多行。语法格式如下：

```
DELETE 视图名  WHERE 搜索条件
```

【例题 4.10】 在 gerenlicai 数据库中新建视图 view1，包括 Leixing 表中的 ShouzhiLX 和 ShouzhiXX 字段，然后基于视图 view1 删除 Leixing 表数据。代码如下：

```
USE gerenlicai
GO
CREATE VIEW view1
AS
  SELECT ShouzhiLX, ShouzhiXX FROM Leixing
GO
DELETE view1 WHERE ShouzhiXX='基金'
```

运行结果如图 4.27 所示。

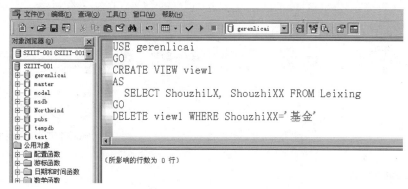

图 4.27 通过视图删除表数据

第四部分 基本训练

一、选择题

1. 在 SQL Server 2000 中，当数据表被修改时，系统自动执行的数据库对象是（　　）。

A. 存储过程　　　　B. 触发器　　　　C. 视图　　　　D. 其他数据库对象

2. 声明了变量：declare @i int,@c char（4），现在为@i 赋值 10，为@c 赋值'abcd'，正确的语句是（　　）。

A. set @i=10，@c='abcd'　　　　　　B. set i=10, set @c='abcd'

C. select @i=10，@c='abcd'　　　　　D. elect @i=10, select @c='abcd'

3. sp_help 属于哪一种存储过程（　　）？

A. 系统存储过程　　　　　　　　　　B. 用户定义存储过程

C. 扩展存储过程　　　　　　　　　　D. 其他

4. 下列哪些语句用于创建存储过程（　　）？

A. create procedure　　　　　　　　B. create table

C. drop procedure　　　　　　　　　D. 其他

5. 下列哪些语句用于删除存储过程（　　）？

A. create procedure　　　　　　　　B. create table

C. drop procedure　　　　　　　　　D. 其他

二、简答题

1. 何为批处理？如何标识多个批处理？

2. Transact-SQL 语言附加的语言要素有哪些？

3. 全局变量有何特点？

4. 如何定义局部变量？如何给局部变量赋值？

5. 使用存储过程的主要优点有哪些？

6. 存储过程分为哪两类？各有何特点？

7. 使用哪些存储过程可以查看存储过程信息？

8. 触发器与一般存储过程的主要区别在哪里？

9. 简述 Insert 触发器的工作原理。

10. 触发器的类型是什么？其相对的语句命令有哪些？

任务五　通讯录的快速查找

——索引的操作

学习情境

举一个例子：要在某学校里找一年级三班教室，如果不知道具体位置，那只能按照顺序，一间教室一间教室的找。但如果查看学校地图，上面标有一年级三班教室在××单元××楼左边××间，那就可以直接到教室去了。这里地图就相当于索引，使查询更加的快捷。

SQL Server 里就是这样，要查询某个数据，根据索引查找，比一个一个挨着查更加的快捷。在 product 表，有 1 000 万以上的数据，里面的字段有 pid、pname（产品名）、pcontent（产品详细介绍）、pimage（产品图片）、userid（发布的用户）。现在我们使用 SQL 语句来查询出 product 表中某个用户发布的产品总数。

打开 SQL Server 查询分析器，在里面输入以下语句运行：

```
select count(*) from product where userid=10000
```

等了一分多钟，显示出来了运行结果。

还可在查询分析器中运行这句：

```
CREATE INDEX index_product ON product ([userid])
```

然后再运行下面的 SQL 语句：

```
select count(*) from product where userid=10000
```

居然一秒钟就运行完了，相差太大了。

这就是 SQL 索引的作用：在不读取整个表的情况下，索引使数据库应用程序可以更快地查找数据。可以在表中创建索引，以便更加快速高效地查询数据。用户无法看到索引，它们只能被用来加速搜索/查询。

第一部分　基 本 知 识

5.1　索 引 概 述

1. 索引的概念

在 SQL Server 数据库中，当我们需要在大批量比如几亿条数据的数据库中检索或者修改数据的时候，索引能够帮我们快速的找到目标数据，就如同我们要在字典中查找一个字的详细解释，如果没有索引，那么我们只有一页一页的查找，这样的速度是特别慢的，当有了索引，我们可以快速的跳转到包含这个字的页，这样就大大地节省了时间。

索引就是加快检索表中数据的方法。数据库的索引类似于书籍的索引。在书籍中，索引允许用户不必翻阅完整个书就能迅速地找到所需要的信息；在数据库中，索引也允许数据库程序迅速地找到表中的数据，而不必扫描整个数据库。

索引是一个单独的物理的数据库结构，它是某个表中一列或若干列值的集合和相应的指向表中物理标识这些值的数据页的逻辑指针清单。索引是依赖于表建立的，它提供了数据库中编排表中数据的内部方法。一个表的存储是由两部分组成的，一部分用来存放表的数据页，另一部分存放索引页面，索引就存放在索引页面上。当进行数据检索时系统先搜索索引页面从中找到所需数据的指针，再直接通过指针从数据页面中读取数据。索引的作用就像书的目录，给出条件查找目录找出所需要的内容。

2．索引的优点

索引的作用主要是为了在查询时提高查询的效率，并且尽量减小更新时的开销。设计良好的索引，查询效率可以得到极大的提高，某些情况下甚至可以提高几百甚至上千倍。

① 创建唯一性索引，保证数据库表中每一行数据的唯一性。

② 大大加快数据的检索速度，这也是创建索引的最主要的原因。

③ 加速表和表之间的连接，特别是在实现数据的参考完整性方面特别有意义。

④ 在使用分组和排序子句进行数据检索时，同样可以显著减少查询中分组和排序的时间。

⑤ 通过使用索引，可以在查询的过程中使用优化隐藏器，提高系统的性能。

3．索引的缺点

增加索引有如此多的优点，为什么不对表中的每一个列创建一个索引呢？这种想法固然有其合理性，然而也有其片面性。虽然，索引有许多优点，但是，为表中的每一个列都增加索引，是非常不明智的。这是因为，增加索引也有许多不利的一个方面。

① 创建索引和维护索引要耗费时间，这种时间随着数据量的增加而增加。

② 索引需要占物理空间，除了数据表占数据空间之外，每一个索引还要占一定的物理空间，如果要建立聚簇索引，那么需要的空间就会更大。

③ 当对表中的数据进行增加、删除和修改的时候，索引也要动态的维护，这样就降低了数据的维护速度。

注意：更新一个包含索引的表需要比更新一个没有索引的表更多的时间，这是由于索引本身也需要更新。因此，理想的做法是仅仅在常被搜索的列（以及表）上面创建索引。

5.2 索引分类

在 SQL Server 数据库中，按照不同的标准，可以对索引进行不同的分类，下面一一进行介绍。

1．唯一索引和非唯一索引

唯一索引可以确保索引列不包含重复的值，也不能为空，而非唯一索引则不存在这一限制。

在表中建立唯一索引时，组成索引的字段或字段组合在表中是唯一的，也就是说，对于表中的任何两行记录来说，索引键的值都是各不相同的。如果表中一行以上的记录在某个字段具有相同的值，则不能基于这个字段建立唯一索引。如果表中的一个字段或多个字段的组合在多行记录中具有 null 值，则不能将这个字段或字段组合作为唯一索引。用 insert 或 update 语句添加或修改记录时，SQL Server 将检查所使用的数据是否会造成唯一索引键值的重复，如果会造成重复的话，则 insert 或 update 语句执行失败。

例如，在 gerenlicai 数据库中，Tongxunlu 表中用来存放通讯录的相关信息，该表中包含一个 TXLBianhao（通讯录编号）字段，该字段不会重复，所以这个字段适合建立唯一索引，而 Xingming（姓名）字段是允许重复的，所以不能基于这个字段建立唯一索引。

2．聚集索引和非聚集索引

（1）聚集索引

数据表的物理顺序和索引表的顺序相同，它根据表中的一列或多列的值排列记录。每一个表只能有一个聚集索引，因为一个表的记录只能以一种物理顺序存放，在通常情况下，使用的都是聚集索引。

例如，在图书馆中，存放着很多书，这些书可以按照作者顺序存放、按照书名顺序存放、也可以按照书的出版社顺序存放。现在图书馆中的这些书是杂乱存放的，假设在书名列上建立聚集索引，这些书就必须按照书名的顺序重新排放，这就是聚集索引。

聚集索引有利于范围搜索，由于聚集索引的顺序与数据存放的物理顺序相同，因此，聚集索引最适合于范围搜索，因为相邻的行将被物理的存放在相同或相邻的页面上。

创建聚集索引有几个注意事项。

① 每张表只能有一个聚集索引。

② 由于聚集索引改变表的物理顺序，所以，应该先建立聚集索引，再建立非聚集索引。

③ 创建索引所需的空间来自于用户数据库，而不是 tempdb 数据库。

④ 主键是聚集索引的良好候选者。

（2）非聚集索引

对于非聚集索引，表的物理顺序与索引顺序不同，即表的数据并不是按照索引列排序的。索引是有序的，而表中的数据是无序的。一个表可以同时存在聚集索引和非聚集索引，而且，一个表可以有多个非聚集索引。例如，对记录网站活动的日志表可以建立一个对日期时间的聚集索引和多个对用户名的非聚集索引。

创建非聚集索引有几个注意事项。

① 创建非聚集索引实际上是创建了一个表的逻辑顺序的对象。

② 索引包含指向数据页上的行的指针。

③ 1 张表可创建多达 249 个非聚集索引。

④ 创建索引时，缺省为非聚集索引。

第二部分　基　本　技　能

5.3　通过手机号码字段完成索引创建

为了加快对数据库中数据的检索速度，数据库中的大多数表都需要创建一个或多个索引。在 SQL Server 中，创建索引有 3 种方法：

① 使用企业管理器创建索引；

② 使用 create index 创建索引；

③ 使用向导创建索引。

除此之外，当在一个表上创建了 primary key 约束或 unique 约束时，SQL Server 会自动生成一个唯一索引，它可以是聚集的或非聚集的，这要视建立或修改表时所有的方法而定。因此在创建索引前，需要确认 primary key 约束或 unique 约束是否已经自动生成了索引。

5.3.1　系统自动建立索引

1. 在企业管理器中设置主键约束或唯一约束

如果在企业管理器中将表中的某个字段设置为主键，则自动生成一个唯一索引，名称为"PK_表名"。若将某个字段设置成唯一约束，自动生成的唯一索引名称为"UQ_表名"。若表中已经有聚集索引，则自动生成非聚集索引，否则自动生成聚集索引。

2. 使用 create table 语句设置主键约束

使用 create table 语句设置主键字段，SQL Server 自动生成一个唯一索引，名称为"PK_表名_××××"。此处的×是由 SQL Server 自行生成的数字或英文字母。这个唯一索引是聚集的还是非聚集的，取决于 primary key 后面使用哪个关键字：如果使用 nonclustered 关键字，则生成唯一性非聚集索引；如果使用 clustered 关键字，或者这两个关键字都不使用，则生成唯一性聚集索引。

3. 使用 create table 语句设置唯一约束

使用 create table 语句在表中的某个字段添加唯一约束时，SQL Server 会在该字段上自动建立一个名称为"UQ_表名_××××"的唯一索引。如果在 unique 后面使用 clustered 关键字，则生成唯一性聚集索引；如果使用 nonclustered 关键字，或者两个关键字都不使用，则生成唯一性非聚集索引。

【例题 5.1】在 gerenlicai 数据库中建立一个名为 tongxunlu1 的表，包括"编号"、"姓名"、"通信地址"、"联系电话" 4 个字段，将"编号"设置为主键，并基于主键生成一个唯一性的聚集索引。代码如下：

```
USE gerenlicai
GO
CREATE TABLE tongxunlu1
( 编号 smallint  PRIMARY KEY,
姓名 char(6),
通信地址 varchar(25),
联系电话 varchar(15))
GO
/通过系统存储过程，查看表中的索引信息
EXECUTE sp_helpindex tongxunlu1
```

运行结果如图 5.1 所示。从图中可以看出，随着表的建立，自动生成一个索引，其名称为"PK_tongxunlu1_37A5467C"，在"index_name"中列出，由"index_description"列可知，这是一个唯一性聚集索引，索引关键字为"编号"。

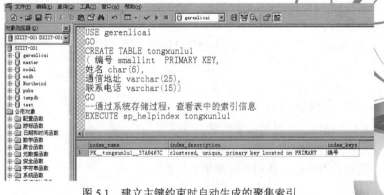

图 5.1　建立主键约束时自动生成的聚集索引

125

【例题 5.2】 在 gerenlicai 数据库中建立一个名为 tongxunlu2 的表，包括"编号"、"姓名"、"通信地址"、"联系电话"4 个字段，在"编号"字段上添加唯一约束，并基于该字段生成一个唯一性非聚集索引。代码如下：

```
USE gerenlicai
GO
CREATE TABLE tongxunlu2
( 编号 smallint  UNIQUE,
姓名 char(6),
通信地址 varchar(25),
联系电话 varchar(15))
GO
/通过系统存储过程，查看表中的索引信息
EXECUTE sp_helpindex tongxunlu2
```

运行结果如图 5.2 所示。从图中可以看出，随着表的建立，自动生成了一个名为"UQ_tongxunlu2_398D8EEE"的索引。由"index_description"列可知，这是一个唯一性的非聚集索引。

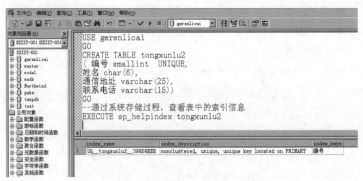

图 5.2　建立唯一约束时自动生成非聚集索引

5.3.2　使用企业管理器创建索引

在 gerenlicai 数据库中，tongxunlu 表（通讯录）用来存放当前用户的联系人的相关信息，包括 TXLBianhao（通讯录编号）、Xingming（姓名）、ShoujiHM（手机号码）、QQ、EMAIL、JiatingDH（家庭电话）字段信息，按照当前任务的要求，在企业管理器中，基于手机号码字段建立唯一索引，提高查询速度。操作步骤如下。

① 在企业管理器中，依次展开"服务器组"、"服务器"、"数据库"节点，然后选中 gerenlicai 数据库。

② 单击数据库下的表节点，右击目标表格 tongxunlu，在弹出的快捷选单中选择"所有任务"选项下的"管理索引"命令，此时出现管理索引对话框，如图 5.3 所示。在该对话框中，给出了当前已经存在的索引信息，包括索引名称、是不是聚集索引和索引字段名称。

图 5.3　"管理索引"对话框

③ 如果要在当前表中建立一个新的索引，单击"新建"按钮，此时出现"新建索引"对话框，如图 5.4 所示。

④ 在"索引名称"文本框输入要建立的索引名称 shouji_index，在字段列表选择包含在索引中的字段 ShoujiHM，可以是一个字段或多个字段的组合。

⑤ 如果要改变顺序，单击"向上"或"向下"按钮。如果要将索引设置为唯一索引，选取"唯一值"复选框，如图 5.5 所示。

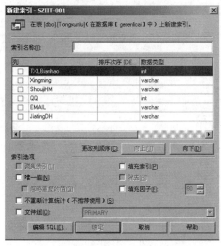

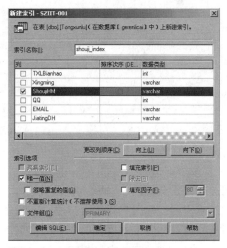

图 5.4 "新建索引"对话框　　图 5.5 在 ShoujiHM 字段建立唯一索引

如果希望唯一索引设置为聚集索引，选取"聚集索引"复选框。如图 5.3 所示，在 Tongxunlu 表中建立主键约束时，生成了一个聚集索引，所以，这个复选框被禁用了。

唯一索引"忽略重复的值"复选框：以设置选项 ignore_dup_key。若选择此项，则使用 insert 语句添加记录并出现索引键值重复的情况时，SQL Server 将忽略这一行具有重复键值的记录并发出一个警告信息。而其他行则被正常插入。如果未选择此复选框，则 SQL Server 将取消 insert 语句的执行并发出一个错误信息。

"不重新计算统计（不推荐使用）"复选框：以设置索引选项 statistics_ norecompute，这样检索记录时就不能达到最高效率，所以，为了在索引更新时自动重新计算统计数据，建议不要选此复选框。

"文件组"复选框：如果要改变索引所在的文件组，在右边的下拉列表中选择一个文件组，默认时，索引与表存放在同一个文件组中。

"填充因子"复选框：在右边的输入框键入或选择介于 0～100 的百分比数。输入 60 表示填充到 60%开始分页，在索引页面保留一定空间，可存储以后插入新行的索引值，而避免重新分页。

"填充索引"复选框：在选择填充因子的情况下，选择该选项，以设置 pad_index，从而决定中间节点索引页的填充率。

"除去"复选框：如果想用新的索引名取代现存的同名索引，可以选择该选项。如图 5.5 所示，当前选项被禁用，因为在当前数据库对象中没有同名索引，所以不可选。

"编辑 SQL"按钮：查看或编辑建立索引的 Transact-SQL 代码，这是学习 create index 语句的一种好方法。

完成索引选项设置后，单击"确定"按钮，关闭"新建索引"对话框，结束索引建立过程。

5.3.3 使用 create index 创建索引

建立索引除自动生成和使用企业管理器进行之外，还可以使用 create index 语句建立索引，语法格式如下：

```
CREATE [UNIQUE] [CLUSTERED| NONCLUSTERED]
  INDEX 索引名 ON 表名称(字段名[ASC| DESC][,…n])
  [ WITH
    [PAD_INDEX]    /填充索引
    [[,]FILLFACTOR=填充因子]    /填充因子
    [[,]IGNORE_DUP_KEY]    /忽略重复值
    [[,]DROP_EXISTING]    /除去同名索引
    [[,]STATISTICS_NORECOMPUTE]    /不重新计算统计
  ]
 [ON 文件组]
```

使用 create index 语句建立索引，应注意以下几个问题。

① 在一个表中只能建立一个聚集索引，但是可以建立多个非聚集索引，最多可以建立 249 个非聚集索引。

② 如果没有使用 clustered 或 nonclustered 时，则所建立的索引为非聚集索引。

③ 基于多个字段建立组合索引时，最多可以使用 16 个字段。

④ 只有在指定 fillfactor 时，才能使用 pad_index。

⑤ 只有指定的索引名已经存在时，才能使用 drop_existing。

⑥ 只有在使用 unique 的情况下，才能使用 ignore_dup_key。

【例题 5.3】 在 gerenlicai 数据库中，有一个 tongxunlu 表，建表时产生了一个名为 "PK_Tongxunlu" 的索引，如图 5.3 所示。要求基于 ShoujiHM 字段建立唯一性索引，并查看表中的索引信息。

```
USE gerenlicai
GO
CREATE UNIQUE INDEX shouji_index ON Tongxunlu(ShoujiHM)
WITH
PAD_INDEX, FILLFACTOR=80,
IGNORE_DUP_KEY, DROP_EXISTING    /在企业管理器中创建了同名索引
EXECUTE sp_helpindex Tongxunlu
```

运行结果如图 5.6 所示。

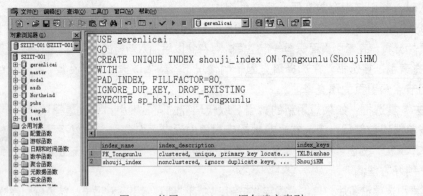

图 5.6 使用 create index 语句建立索引

5.3.4　使用向导创建索引

在一般情况下，建立索引由用户自己动手完成，使用向导是建立索引的一种比较简单的方法。操作步骤如下。

① 在企业管理器中，展开"服务器组"、"服务器"。

② 在"工具"选单中选择"向导"命令，在"数据库"下选择"创建索引"向导，单击"确定"按钮。

③ 在向导程序的欢迎界面中单击"下一步"按钮，出现"选择数据库和表"对话框，如图 5.7 所示。选择 gerenlicai 数据库和 Tongxunlu 表。

④ 单击"下一步"按钮，出现"选择列"对话框，如图 5.8 所示。

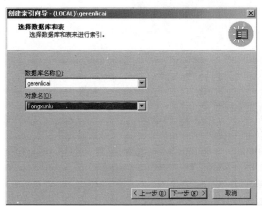

图 5.7　"选择数据库和表"对话框

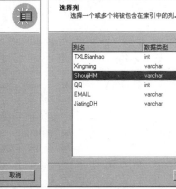

图 5.8　选择索引字段

⑤ 选择 ShoujiHM 字段作为索引键，也可以选择多个字段。此外，可以选中"排序次序（DESC）"复选框，将排序次序更改为递减，单击"下一步"按钮。

⑥ 在图 5.9 所示的对话框中，执行以下操作。

a. 若所建索引是一个聚集索引，选中"使其成为聚集索引"复选框。当前表中已经有一个聚集索引，所以该复选框禁用。

b. 若所建索引是一个唯一索引，选中"使其成为唯一性索引"复选框。

c. 设置填充因子。如果让 SQL Server 决定填充因子并将性能调整到最佳化，可以

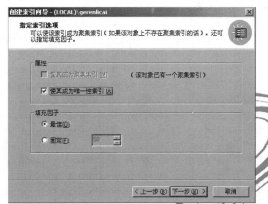

图 5.9　设置索引选项

选择"最佳"选项。如果要手动设置填充因子，可以选择"固定"选项，并在右边复选框输入一个百分数，取值范围为 0～100，除非不再需要对表进行插入或修改操作，通常不要将填充因子指定为 100%。

⑦ 单击"下一步"按钮，出现如图 5.10 所示对话框。在"名称"文本框为索引指定一个名称，然后单击"完成"按钮，SQL Server 开始建立索引。

图 5.10   完成创建索引向导

当一个表的数据量非常庞大的时候，创建索引后，使用以下方式能够测试查询速度。

```
SELECT GETDATE()
SET STATISTICS IO ON  /设置SQL Server的STATISTICS I/O状态
SELECT 语句
SELECT GETDATE()
```

【例题 5.4】 采用以上介绍的方法，在 Tongxunlu 表的 QQ 字段创建唯一性索引。界面操作如图 5.11 所示。

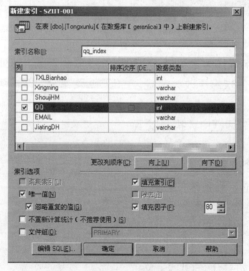

图 5.11   在企业管理器创建索引

创建索引的代码如下：

```
USE gerenlicai
GO
CREATE UNIQUE INDEX qq_index ON Tongxunlu(QQ)
WITH
PAD_INDEX, FILLFACTOR=80,
```

```
IGNORE_DUP_KEY, DROP_EXISTING   /在企业管理器中创建了同名索引
EXECUTE sp_helpindex Tongxunlu
```

运行结果如图 5.12 所示。

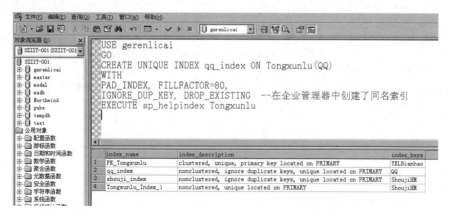

图 5.12 CREATE INDEX 语句创建索引

5.4 操 作 索 引

使用企业管理器或相应的系统存储过程可以查看特定表上的索引信息，也可以删除相应的不需要的索引。

5.4.1 查看索引

① 在企业管理器中展开"服务器组"、"服务器"。

② 展开数据库，单击表节点。

③ 右击要查看索引信息的表 Tongxunlu，从弹出的快捷选单中，选择"所有任务"选项下的"管理索引"命令，弹出"管理索引"对话框，如图 5.13 所示。该对话框中显示了数据库的名称和表的名称，在"索引"列中显示了相应表中存在的索引名称，同时显示了相应的索引是否为聚集索引和索引的字段名称。在对话框中单击"编辑"按钮，对已存在的索引进行编辑修改。

④ 单击"关闭"按钮，关闭"管理索引"对话框。

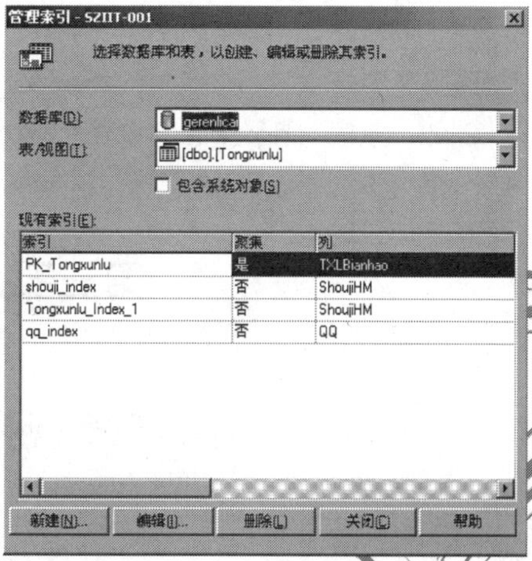

图 5.13 查看索引信息

除使用企业管理器查看索引信息方法外，还可以使用系统存储过程 sp_helpindex 语句查看特定表上的索引信息。代码如下：

```
USE gerenlicai
GO
EXECUTE sp_helpindex Tongxunlu
```

运行结果如图 5.14 所示。

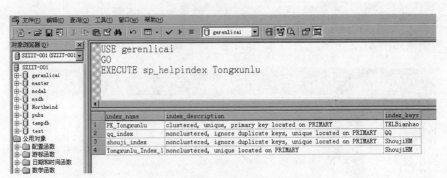

图 5.14　查询分析器中查看索引信息

5.4.2　删除索引

有效的索引能够提高检索的效率，但也不是表中的每个字段都需要建立索引。在表中建立的索引越多，修改或删除记录时服务器用于维护索引所花费的时间就越多。当不需要某些索引时，就应当及时的删除。可以使用企业管理器或 drop index 语句删除数据库中相应表上的索引，操作步骤如下。

① 在企业管理器中展开"服务器组"、"服务器"。

② 展开数据库，单击表节点。

③ 右击要查看索引信息的表 Tongxunlu，从弹出的快捷选单中，选择"所有任务"选项下的"管理索引"命令，弹出"管理索引"对话框，如图 5.13 所示。

④ 在对话框的"现有索引"列表中选中相应的索引，然后单击"删除"按钮，在弹出的消息框中单击"是"按钮，确认删除索引。

除使用企业管理器删除索引外，还可以使用 DROP INDEX 语句删除索引。语法格式如下：

```
DROP INDEX 表名.索引名 [,…n]
```

例如，从表 tongxunlu1 和表 tongxunlu2 中各删除一个索引：

```
DROP INDEX tongxunlu1.PK_tongxunlu1__37A5467C, tongxunlu2.UQ__tongxunlu2__398D8EEE
```

第三部分　自学拓展

5.5　索引的分析与维护

索引是以表列为基础的数据库对象。索引中保存着表中排序的索引列，并且记录了索引列在数据库表中的物理存储位置，实现了表中数据的逻辑排序。通过索引，可以加快数据的查询速度和减少系统的响应时间；可以使表和表之间的连接速度加快。但是，不是在任何时候使用索引都能够达到这种效果。若在不恰当的场合下，使用索引反而会事与愿违。所以，在 SQL Server 数据库中使用索引的话，还是需要遵守一定的规则。

① 规则一：使用索引是需要付出代价的。

索引的优点有目共睹，但是，却很少有人关心过采用索引所需要付出的成本。若数据库管理员能够对索引所需要付出的代价有一个充分的认识，也就不会那么随意到处建立索引了。

其实建立索引的代价还是很大的，如创建索引和维护索引都需要花费时间与精力。特别是在数据库设计的时候，数据库管理员为表中的哪些字段需要建立索引，要调研、要协调。如在建有索引的表中进行增加、删除、修改操作时，数据库要对索引进行重新调整。虽然这个工作数据库自动会完成，但是，需要消耗服务器的资源。表中的数据越多，消耗的资源也就越多。索引是数据库中实际存在的对象，所以，每个索引都会占用一定的物理空间。若索引多了，不但会占用大量的物理空间，而且，也会影响到整个数据库的运行性能。

可见，数据库管理员若要采用索引来提高系统的性能，自身仍然需要付出不少的代价。数据库管理员现在要考虑的就是如何在这两个之间取得一个均衡。或者说，找到一个回报与投入的临界点。

② 规则二：对于查询中很少涉及的列或者重复值比较多的列，不要建立索引。

在查询的时候，如果不按某个字段去查询，则在这个字段上建立索引也是浪费。例如，现在有一张员工信息表，我们可能按员工编号、员工姓名、或者出生地去查询员工信息。但是，我们往往不会按照身份证号码去查询。虽然这个身份证号码是唯一的。此时，即使在这个字段上建立索引，也不能够提高查询的速度。相反，增加了系统维护时间和占用了系统空间。

另外，如果上面的员工信息表，有些字段重复值比较多，如性别字段主要就是"男"、"女"，职位字段中也是有限的几个内容。此时，在这些字段上添加索引也不会显著地增加查询速度，减少用户响应时间。相反，因为需要占用空间，反而会降低数据库的整体性能。

③ 规则三：对于按范围查询的列，最好建立索引。

在信息化管理系统中，很多时候需要按范围来查询某些交易记录。例如在 ERP 系统中，经常需要查询当月的销售订单与销售出货情况，这就需要按日期范围来查询交易记录。发现库存不对时，也需要查询某段时期的库存进出情况，如 5 月 1 日到 12 月 3 日的库存交易情况等。此时，也是根据日期来进行查询。

对于这些需要在指定范围内快速或者频繁查询的数据列，需要为其建立索引。因为索引已经排序，其保存的时候指定的范围是连续的，查询可以利用索引的排序，加快查询时间，减少用户等待时间。

不过，虽然可能需要按范围来进行查询，但是，若这个范围查询条件利用的不多的情况下，最好不好采用索引。例如在员工信息表中，查询 2008 年 3 月份以前入职的员工明细。由于表中记录不多，而且也很少进行类似的查询。若为这个字段建立索引，虽然无伤大雅，但是很明显，索引所获得的收益要低于其成本支出。对数据库管理员来说，是得不偿失的。

再者，若采用范围查询的话，最好能利用 top 关键字来限制一次查询的结果。如第一次按顺序只显示前面的 500 条记录等。把 top 关键字跟范围一起使用，可以大大地提高查询的效率。

④ 规则四：表中若有主键或者外键，一定要为其建立索引。

定义有主键的索引列，一定要为其建立索引。因为主键可以加速定位到表中的某一行。结合索引的作用，可以使得查询的速度加倍。如在员工信息表中，我们往往把员工编号设置为主键。因为这不但可以提高查询的速度，而且因为主键要求记录的唯一，还可以保证员工编号的唯一性。此时，若再把这个员工编号字段设置为索引，则通过员工编号来查询员工信息，其效率要比没有建立索引高出许多。

另外，若要使得某个字段的值唯一，可以通过两种索引方式实现。一种就是上面所讲的主键索引。还有一种就是唯一索引，利用 unique 关键字指定字段内容的唯一性。这两种方式都会在表中的指定列上自动创建唯一索引。这两种方式的结果没有明显的区别。查询优化器不会区分到底是哪种方式建立的唯一性索引，而且它们进行数据查询的方式也是相同的。

若某张表中的数据列定义有外键，则最好也要为这个字段建立索引。因为外键的主要作用就在于表与表之间的连接查询。若在外键上建立索引，可以加速表与表之间的连接查询。如在员工基本信息表中，有一个字段为员工职位。由于员工职位经常在变化，在这里，存储的其实只是一个员工职位的代码。在另外一张职位信息表中详细记录着该职位的相关信息。此时，这个员工职位字段就是外键。若在这个字段上建立外键，则可以显著提高两张表的连接速度。而且，记录越多，其效果越加明显。

⑤ 规则五：对于一些特殊的数据类型，不要建立索引。

在表中，有些字段比较特殊，如文本字段（txt）、图像类型字段（image）等，则最好不要为其建立索引。因为这些字段有一些共同的特点，如长度不确定，要么很长，几个字符；要么就是空字符串。如文本数据类型常在应用系统的数据库表中用来做备注的数据类型，有时候备注很长，但有时候又没有数据。若这种类型的字段上建立索引，那根本起不了作用。相反，还增加了系统的负担。

所以，在一些比较特殊的数据类型上，建立索引要谨慎。在通常情况下，没有必要为其建立索引。但是，也有特殊的情况。例如在 ERP 系统中，有个产品信息表，其中有个产品规格字段。其长度可能长达 5 000 个字符。此时，只有文本型的数据类型可以容纳这么大的数据量。而在查询的时候，用户又喜欢通过规格这个参数来查询产品信息。此时，若不为这个字段建立索引的话，则查询的速度会很慢。遇到这种情况时，数据库管理员只有牺牲一点系统资源为其建立索引。

⑥ 规则六：索引可以跟 where 语句的集合融为一体。

用户在查询信息的时候，有时会经常会用到一些限制语句。例如：在查询销售订单的时候，经常会用到客户与下单日期的条件集合；在查询某个产品的库存交易情况时，就会利用产品编号与交易日期起止日期的条件集合。

对于这些经常用在 where 子句中的数据列，将索引建立在 where 子句的集合过程中，对于需要加速或者频繁检索的数据列，可以让这些经常参与查询的数据列按照索引的排序进行查询，以加快查询的时间。

总之，索引就好像一把双刃剑，既可以提高数据库的性能，也可能对数据库的性能起到反面作用。作为数据库管理员，要有这个能力判断在合适的时间、合适的业务、合适的字段上建立合适的索引。以上 6 个规则，只是对建立索引的一些基本要求。

第四部分　基 本 训 练

一、选择题

1. 下列哪种情况适合建立索引（　　　）？

A. 在查询中很少被引用的列　　　　　　B. 在 order by 子句中式用的列

C. 包含太多重复选用值的列　　　　　　D. 数据类型为 bit、text、image 等的列

2. 下列哪种情况不适合建立索引（　　　）？

A. 经常被查询搜索的列　　　　　　　B. 包含太多重复选用值的列

C. 是外键或主键的列　　　　　　　　D. 该列的值唯一的列

二、简答题

1. 为什么要创建索引？

2. 使用索引有哪些优点？

3. 按照存储结构划分，索引分为哪两类？各有何特点？

4. 使用哪个系统存储过程可以查看索引信息？

任务六 信息提醒功能和账户信息 自动更新功能

——存储过程和触发器

学习情境

一个项目做到了维护阶段时，人们就会发现存储过程的好处：修改方便，不用去改应用程序，而且还可以使程序速度得到提高。将常用的或很复杂的工作，预先用 SQL 语句写好并用一个指定的名称存储起来，那么以后要让数据库提供已定义好的存储过程的功能相同的服务时，只需调用 execute，即可自动完成命令。

当企业规则发生变化时在服务器中改变存储过程即可，无须修改任何应用程序。企业规则的特点是要经常变化，如果把体现企业规则的运算程序放入应用程序中，则当企业规则发生变化时，就需要修改应用程序，工作量非常之大（修改、发行和安装应用程序）。如果把体现企业规则的运算放入存储过程中，则当企业规则发生变化时，只要修改存储过程就可以了，应用程序无须任何变化。

SQL Server 数据库系统中很重要的一个概念就是存储过程。合理地使用存储过程，可以有效地提高程序的性能，并且将商业逻辑封装在数据库系统中的存储过程中，可以大大提高整个软件系统的可维护性。当商业逻辑发生改变的时候，不再需要修改并编译客户端应用程序或重新分发他们到为数众多的用户手中，只需要修改位于服务器端的实现相应商业逻辑的存储过程即可。合理的编写自己需要的存储过程，可以最大限度的利用 SQL Server 的各种资源。

存储过程能够将多个功能集中在一起，能用于系统升级，在前台只调用存储过程，当后台升级的时候，只改动存储过程就可以了，前台的语句可以不动。SQL 语句执行的时候要先编译，然后执行。存储过程就是编译好了的一些 SQL 语句。应用程序需要用的时候直接调用就可以了，所以效率会高。综合起来，存储过程具有以下特点。

① 存储过程只在创造时进行编译，以后每次执行存储过程都不需再重新编译，而一般 SQL 语句每执行一次就编译一次，所以使用存储过程可提高数据库执行速度。

② 当对数据库进行复杂操作时（如对多个表进行 update、insert、query、delete 时），可将此复杂操作用存储过程封装起来与数据库提供的事务处理结合在一起使用。

③ 存储过程可以重复使用，可减少数据库开发人员的工作量。

④ 安全性高，可设定只有某用户才具有对指定存储过程的使用权。

触发器是 SQL Server 数据库应用中一个重要工具，是一种特殊类型的存储过程，应用非常广泛。一般存储过程主要通过存储过程名而被直接调用，触发器则是通过事件触发执行。触发器基于一个表来创建并和一个或多个数据修改操作（插入、更新或删除）相关联，可视作表的一部分。触发器与数据库中的表紧密相关，比如当对表执行 insert、update 或 delete 操作时，触发器就会自动执行。

很多人认为基于增、删、改操作自动激活的触发器已经被表的级联更新、级联删除所取代，而且触发器的创建需要耗费系统资源，但是在必要情况下，有些复杂的业务规则还是需要通过触发器实现。本任务会对此进行详细讲解。

第一部分 基 本 知 识

6.1 存储过程的概念及分类

存储过程（stored procedure）是一组为了完成特定功能的 SQL 语句集，经编译后存储在数据库中。用户通过指定存储过程的名字并给出参数（带参存储过程）来执行它。SQL Server 的存储过程是一个被命名的存储在服务器上的 Transact-SQL 语句集合，是封装重复性工作的一种方法，它支持用户声明的变量、条件执行和其他强大的编程功能。

存储过程相对于其他的数据库访问方法有以下的优点。

① 重复使用。存储过程可以重复使用，从而可以减少数据库开发人员的工作量。

② 提高性能。存储过程在创建的时候就进行了编译，将来使用的时候不用再重新编译。一般的 SQL 语句每执行一次就需要编译一次，所以使用存储过程提高了效率。

③ 减少网络流量。存储过程位于服务器上，调用的时候只需要传递存储过程的名称和参数就可以了，因此降低了网络传输的数据量。

④ 安全性。参数化的存储过程可以防止 SQL 注入式的攻击，而且可以将 grant、deny 和 revoke 权限应用于存储过程。

存储过程的种类有以下几种。

① 系统存储过程：以 sp_开头，用来进行系统的各项设定，取得信息，相关管理工作，如 sp_help 就是取得指定对象的相关信息。

② 扩展存储过程：以 xp_开头，用来调用操作系统提供的功能。

```
exec master..xp_cmdshell 'ping 10.8.16.1'
```

③ 用户自定义的存储过程，这是我们所指的存储过程。用户定义的存储过程又分为 Transact-SQL 和 CLR 两种类型。Transact-SQL 存储过程是指保存的 Transact-SQL 语句集合，可以接受和返回用户提供的参数。CLR 存储过程是指对.Net Framework 公共语言运行时（CLR）方法的引用，可以接受和返回用户提供的参数。它们在.Net Framework 程序集中是作为类的公共静态方法实现的。

当然，存储过程也有其自身的缺点。存储过程的管理比较困难，当涉及开发项目或特殊的管理要求时，所使用的存储过程的数量将非常可观。在这种情况下，记忆每个存储过程的功能，以及存储过程的调用关系几乎是不可能的。另外，使用存储过程还需注意以下事项：

① 名称和标识符的长度最大为 128 个字符；

② 每个存储过程最多可使用 1 024 个参数；

③ 存储过程的最大容量有一定的限制；

④ 存储过程支持多达 32 层嵌套；

⑤ 在对存储过程命名时最好和系统存储过程名称相区分。

6.2 触发器基本概念

触发器是一种特殊的存储过程，它不能被显式地调用，而是在往表中插入记录、更改记录或者删除记录时，当事件发生时，才被自动地激活。

触发器可以用来对表实施复杂的完整性约束，保持数据的一致性，当触发器所保护的数据发生改变时，触发器会自动被激活，响应同时执行一定的操作（对其他相关表的操作），从而保证对数据的不完整性约束或不正确的修改。触发器可以查询其他表，同时也可以执行复杂的 Transact-SQL 语句。触发器和引发触发器执行的命令被当作一次事务处理，因此就具备了事务的所有特征。

需要说明的是触发器和约束的关系和区别：一般来说，使用约束比使用触发器效率更高。同时，触发器可以完成比 check 约束更复杂的限制。与 check 约束不同，在触发器中可以引用其他的表。触发器可以发现改变前后表中数据的不一致，并根据这些不同来进行相应的操作。对于一个表不同的操作（insert、update、delete）可以采用不同的触发器，即使是对相同的语句也可以调用不同的触发器来完成不同的操作。

关于触发器中 Inserted 和 Deleted 的解释如下。

SQL Server 自动创建和管理这些表。可以使用这两个临时的驻留内存的表测试某些数据修改的效果及设置触发器操作的条件，然而，不能直接对表中的数据进行更改。

Inserted 和 Deleted 表主要用于触发器中：

① 扩展表间引用完整性；

② 在以视图为基础的基表中插入或更新数据；

③ 检查错误并基于错误采取行动；

④ 找到数据修改前后表状态的差异，并基于此差异采取行动。

deleted 表用于存储 delete 和 update 语句所影响的行的副本。在执行 delete 或 update 语句时，行从触发器表中删除，并传输到 Deleted 表中。Deleted 表和触发器表通常没有相同的行。

Inserted 表用于存储 insert 和 update 语句所影响的行的副本。在一个插入或更新事务处理中，新建行被同时添加到 Inserted 表和触发器表中。Inserted 表中的行是触发器表中新行的副本。

当对某张表建立触发器后，下面分 3 种情况讨论。

① 插入操作（insert）：Inserted 表有数据，Deleted 表无数据。

② 删除操作（delete）：Inserted 表无数据，Deleted 表有数据。

③ 更新操作（update）：Inserted 表有数据（新数据），Deleted 表有数据（旧数据）。

1. insert 触发器的工作过程

我们可以定义一个无论何时用 insert 语句向表中插入数据时都会执行的触发器。

当触发 insert 触发器时，新的数据行就会被插入到触发器表和 Inserted 表中。Inserted 表是一个逻辑表，它包含了已经插入的数据行的一个副本。Inserted 表包含了 insert 语句中已记录的插入动作。Inserted 表还允许引用由初始化 insert 语句而产生的日志数据。触发器通过检查 Inserted 表来确定是否执行触发器动作或如何执行它。Inserted 表中的行总是触发器表中一行或多行的副本。

日志记录了所有修改数据的动作（insert、update 和 delete 语句），但在事务日志中的信息是不可读的。然而，Inserted 表允许你引用由 insert 语句引起的日志变化，这样就可以将插入数据与发生的变化进行比较，来验证它们或采取进一步的动作。也可以直接引用插入的数据，而不必将它们存储到变量中。

2．delete 触发器的工作过程

当触发 delete 触发器后，从受影响的表中删除的行将被放置到一个特殊的 Deleted 表中。Deleted 表是一个逻辑表，它保留已被删除数据行的一个副本。Deleted 表还允许引用由初始化 delete 语句产生的日志数据。

使用 delete 触发器时，需要考虑以下的事项和原则。

① 当某行被添加到 Deleted 表中时，它就不再存在于数据库表中。因此，Deleted 表和数据库表没有相同的行。

② 创建 Deleted 表时，空间是从内存中分配的。Deleted 表总是被存储在高速缓存中。

③ 为 delete 动作定义的触发器并不执行 truncate table 语句，原因在于日志不记录 truncate table 语句。

3．update 触发器的工作过程

可将 update 语句看成两步操作：即捕获数据前像（before image）的 delete 语句，和捕获数据后像（after image）的 insert 语句。当在定义有触发器的表上执行 update 语句时，原始行（前像）被移入到 Deleted 表，更新行（后像）被移入到 Inserted 表。触发器检查 Deleted 表和 Inserted 表及被更新的表来确定是否更新了多行以及如何执行触发器动作。

SQL Server 按触发器激活的时机可分为后触发和替代触发两种触发方式。

（1）后触发

当引起触发器执行的修改语句执行完成，并通过各种约束检查后，才执行的触发器，这种触发方式称作后触发。创建这种触发器时用 after 或 for 关键字来指定。使用 after 和 for 完全相同，后触发只能创建在表上，而不能创建在视图上。

（2）替代触发

引起触发器执行的修改语句停止执行，仅执行触发器，这种触发方式称作替代触发。创建这种触发器时用 instead of 关键字来指定。替代触发可以创建在表或视图上。

引起触发器执行的修改语句若违反了某种约束，后触发方式不会激活触发器，替代触发方式会激活触发器。原因是后触发必须在修改语句成功执行后才会激活触发器，所以触发器不会被激活，而且修改语句因违反约束使修改无效。替代触发是用触发器的执行替代修改语句的执行。修改语句没执行，也不存在约束检查，所以使用替代触发方式激活触发器。

第二部分 基本技能

6.3 收入支出信息提醒

6.3.1 建立存储过程

个人理财软件记录用户每日的收支信息，为了实现理财的功能，提醒用户在一定时间段内收入和支出的费用是很有必要的。当用户以自身的用户名和密码登录后，对用户在一定时间段内的收支金额进行提示，比如一个月内、一个星期内或者十天内，能够通过存储过程的创建实现。

创建存储过程有 3 种方法：可以使用企业管理器的界面操作完成，还可以使用 create procedure 语句完成，另外，系统提供的创建向导也能完成存储过程的创建。下面针对这 3 种方法一一进行介绍。

1．使用企业管理器创建存储过程

① 在企业管理器中，依次展开"服务器组"、"服务器"、"数据库"节点。

② 单击 gerenlicai 数据库，然后右击"存储过程"，在弹出的快捷选单中选择"新建存储过程"命令，如图 6.1 所示。

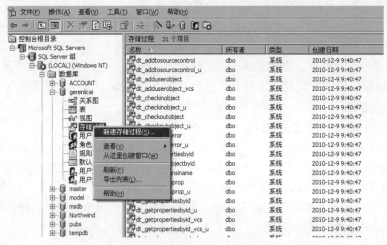

图 6.1　选择建立存储过程命令

③ 在弹出的"存储过程属性"对话框中，在两个方括号中依次输入所有者名称和存储过程名称，分别替换 OWNER 和 PROCEDURE NAME。

④ 从文本框的第二行开始录入存储过程的文本，如图 6.2 所示。

⑤ 在文本框录入 SQL 语句后，如果需要检查语法，可以单击"检查语法"按钮，若脚本中没有语法错误，将会提示"语法检查成功！"的窗口，单击"确定"按钮，关闭消息框，如图 6.3 所示。

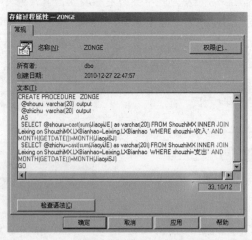

图 6.2　"存储过程属性"对话框

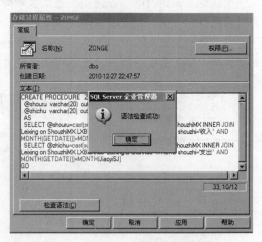

图 6.3　对输入的语句进行语法检查

⑥ 单击"确定"按钮，保存存储过程的定义。

当前存储过程的创建是在企业管理器完成的，但也是使用 SQL 语句实现，只是操作的环境是在企业管理器中。创建后，当用户登录个人理财软件，就会出现如图 6.4 所示的提示。

图 6.4 一个月内收支提醒

2. 使用 create procedure 语句创建存储过程

利用 SQL 的语言可以编写对于数据库访问的存储过程，可以创建一个过程供永久使用，或在一个会话中临时使用（局部临时过程），或在所有会话中临时使用（全局临时过程）。语法格式如下：

```
CREATE PROC [ EDURE ] procedure_name [ ; number ]
  [ { @parameter data_type }
    [ VARYING ] [ = default ] [ OUTPUT ]
  ] [ ,...n ]
[ WITH
  { RECOMPILE | ENCRYPTION | RECOMPILE , ENCRYPTION } ]
[ FOR REPLICATION ]
AS sql_statement [ ...n ]
```

参数说明。

① procedure_name：新存储过程的名称。过程名必须符合标识符规则，且对于数据库及其所有者必须唯一。有关更多信息，请参见使用标识符。要创建局部临时过程，可以在 procedure_name 前面加一个编号符（#procedure_name），要创建全局临时过程，可以在 procedure_name 前面加两个编号符（##procedure_name）。完整的名称（包括#或##）不能超过 128 个字符。指定过程所有者的名称是可选的。

② number：可选的整数，用来对同名的过程分组，以便用一条 drop procedure 语句即可将同组的过程一起除去。

③ parameter：过程中的参数。在 create procedure 语句中可以声明一个或多个参数。用户必须在执行过程时提供每个所声明参数的值（除非定义了该参数的默认值）。使用@符号作为第一个字符来指定参数名称。参数名称必须符合标识符的规则。每个过程的参数仅用于

该过程本身；相同的参数名称可以用在其他过程中。默认情况下，参数只能代替常量，而不能用于代替表名、列名或其他数据库对象的名称。

④ data_type：参数的数据类型。所有数据类型（包括 text、ntext 和 image）均可以用作存储过程的参数。不过，cursor 数据类型只能用于 output 参数。如果指定的数据类型为 cursor，也必须同时指定 varying 和 output 关键字。

⑤ varying：指定作为输出参数支持的结果集（由存储过程动态构造，内容可以变化）。仅适用于游标参数。

⑥ default：参数的默认值。如果定义了默认值，不必指定该参数的值即可执行过程。默认值必须是常量或 null。如果过程将对该参数使用 like 关键字，那么默认值中可以包含通配符（%、_、[]和[^]）。

⑦ output：表明参数是返回参数。该选项的值可以返回给 exec[ute]。使用 output 参数可将信息返回给调用过程。text、ntext 和 image 参数可用作 output 参数。使用 output 关键字的输出参数可以是游标占位符。

⑧ n：表示最多可以指定 2 100 个参数的占位符。

⑨ {RECOMPILE | ENCRYPTION | RECOMPILE, ENCRYPTION}：RECOMPILE 表明 SQL Server 不会缓存该过程的计划，该过程将在运行时重新编译。在使用非典型值或临时值而不希望覆盖缓存在内存中的执行计划时，请使用 RECOMPILE 选项。ENCRYPTION 表示 SQL Server 加密 Syscomments 表中包含 create procedure 语句文本的条目。使用 Encryption 可防止将过程作为 SQL Server 复制的一部分发布。

将在企业管理器中运行的 SQL 语句录入到查询分析器，同样能够完成存储过程的创建，具体代码如下：

```
CREATE PROCEDURE  ZONGE
 @shouru varchar(20)  output,
 @zhichu varchar(20)  output
 AS
 SELECT @shouru=cast(sum(JiaoyiJE) as varchar(20)) FROM ShouzhiMX INNER JOIN
Leixing on ShouzhiMX.LXBianhao=Leixing.LXBianhao  WHERE shouzhi='收入'  AND
MONTH(GETDATE())=MONTH(JiaoyiSJ)
 SELECT @zhichu=cast(sum(JiaoyiJE) as varchar(20)) FROM ShouzhiMX INNER JOIN
Leixing on ShouzhiMX.LXBianhao=Leixing.LXBianhao  WHERE shouzhi='支出'  AND
MONTH(GETDATE())=MONTH(JiaoyiSJ)
 GO
```

当前存储过程的功能如图 6.4 所示，能够对用户一个月内的收支进行提醒，如果需要改变时间段，只要存储过程的名称和参数不变，无须对前台的代码进行修改，只需要更改存储过程内部的代码即可。

3．使用向导创建存储过程

① 在企业管理器中，依次展开"服务器组"、"服务器"、"数据库"节点。

② 在"工具"菜单下单击"向导"，弹出如图 6.5 所示的对话框。

③ 展开"数据库"，选择"创建存储过程"向导。

④ 弹出"创建存储过程"欢迎界面后，单击"下一步"。

⑤ 在如图 6.6 所示的对话框中，选择要操作的数据库。

⑥ 在如图 6.7 所示的对话框中，对于要创建的存储过程，选择一个或多个操作。

图 6.5　选择向导

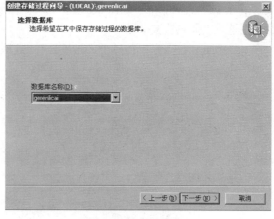

图 6.6　选择数据库

⑦ 单击"下一步",单击"完成"按钮,出现如图 6.8 所示的提示。

图 6.7　选择存储过程操作对象

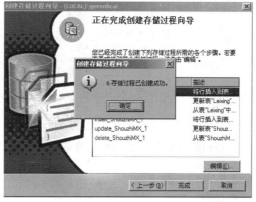

图 6.8　向导创建存储过程

通过向导完成存储过程的创建后,如需对存储过程的功能进行修改,可以在企业管理器中完成,相应操作在存储过程的维护中会进行讲解。

6.3.2　执行存储过程

建立一个存储过程后,可以使用 execute 语句执行这个存储过程,实现它的功能。如果 execute 是批处理的第一条语句,省略这个关键字也可以执行存储过程,语法格式如下:

```
[EXECUTE] {[@整型变量=]{存储过程名称[;标识号]}}
  [[@参数名=]{值| @变量[OUTPUT]| [DEFAULT]}][,…n]
  [WITH RECOMPILE]
```

参数说明。

① 整型变量用于保存存储过程的返回状态。使用 execute 语句之前,这个变量必须在批处理、存储过程或函数中声明过,遵循先定义后使用的原则。

② 标识号是一个可选整数，用于将相同名称的存储过程进行组合。当执行与其他同名存储过程处于同一组中的存储过程时，应当指定此存储过程在组内的标识号。

③ @参数名、output、default、with recompile 在创建存储过程的语法格式中都进行了介绍，在这里就不再重复。

在 gerenlicai 数据库中创建了 ZONGE 存储过程，以下代码实现对该存储过程的调用：

```
USE gerenlicai
GO
DECLARE @aa varchar(20)
DECLARE @bb varchar(20)
EXECUTE ZONGE @aa output, @bb output
PRINT '收入：'+@aa+'；'+'支出：'+@bb
GO
```

运行结果如图 6.9 所示。

图 6.9　存储过程的执行

将当前代码嵌入到前台开发语言中，能够实现如图 6.4 所示的提示功能。

6.3.3　维护存储过程

1．查看存储过程

（1）在企业管理器查看存储过程

① 在企业管理器中，依次展开"服务器组"、"服务器"、"数据库"节点。

② 选中 gerenlicai 数据库，单击数据库下的"存储过程"节点。在详细窗口中右击要查看的存储过程，然后选择"属性"命令。

③ 在弹出的"存储过程"属性对话框中，列出了存储过程的名称、所有者、创建时间，在下面的文本框中显示了存储过程的定义。如图 6.10 所示。

④ 在当前对话框中，可以编辑存储过程的文本，单击"检查语法"按钮，能够检查创建存储过程的语法，单击"权限"按钮，打开

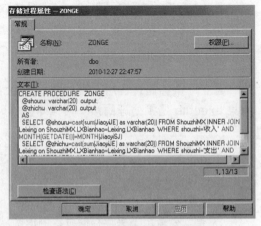

图 6.10　"存储过程属性"对话框

"对象属性"对话框并在其中指定存储过程的权限,如图 6.11 所示。

⑤ 右击要查看的存储过程,在弹出的快捷选单中选择"所有任务"选项下的"显示相关性"命令。

⑥ 如图 6.12 所示,在弹出的"相关性"对话框中,可以查看依附于该存储过程的对象和该存储过程依附的对象。

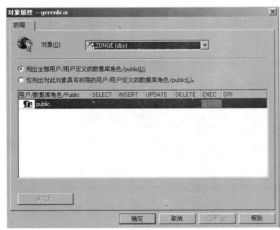
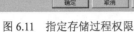

图 6.11 指定存储过程权限

图 6.12 查看存储过程的相关性

⑦ 单击"关闭"按钮,关闭对话框。

（2）使用系统存储过程查看存储过程

除了在企业管理器中查看存储过程的定义外,还可以使用系统存储过程查看存储过程的相关信息。

① 通过 sp_helptext 查看存储过程的定义:

```
SP_HELPTEXT  存储过程名称
```

② 通过 sp_help 查看存储过程的参数:

```
[EXECUTE] SP_HELP 存储过程名称
```

③ 通过 sp_depends 查看存储过程的相关性:

```
[EXECUTE] SP_DEPENDS 存储过程名称
```

【例题 6.1】 用有关系统存储过程查看 gerenlicai 数据库中名为 ZONGE 的存储过程的定义、参数及其相关性。代码如下:

```
USE gerenlicai
GO
EXECUTE SP_HELPTEXT ZONGE
EXECUTE SP_HELP ZONGE
EXECUTE SP_DEPENDS ZONGE
```

运行结果如图 6.13 所示。

2. 修改和删除存储过程

如果对已经存在的存储过程不满意,可以对存储过程进行修改。对于不再需要的存储过程可以使用企业管理器或者 drop procedure 语句把它删除。但要注意,如果存储过程被分组,则无法删除组内的单个存储过程。删除一个存储过程时,会将同组内的其他存储过程一起删除。

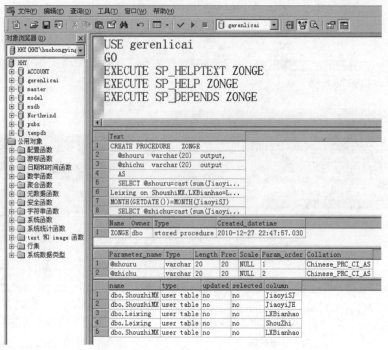

图 6.13　在查询分析器中查看存储过程

（1）修改存储过程

修改存储过程是指编辑它的参数和 Transact-SQL 语句。在企业管理器的操作步骤如下。

① 在企业管理器中，依次展开"服务器组"、"服务器"、"数据库"节点。

② 单击相应的数据库，单击数据库下的"存储过程"节点，在详细窗口右击要修改的存储过程，从弹出的快捷菜单中选择"属性"命令。

③ 在弹出的"存储过程属性"对话框中，在"文本"编辑框中能够编辑存储过程的参数和 Transact-SQL 语句。但不能修改 create procedure 语句中的存储过程名称。

④ 编辑完成后，单击"检查语法"按钮，检查语法的正确性。

⑤ 单击"确定"，关闭对话框。

（2）重命名存储过程

① 在企业管理器中，依次展开"服务器组"、"服务器"、"数据库"节点。

② 单击相应的数据库，单击数据库下的"存储过程"节点，在详细窗口右击要修改的存储过程，从弹出的快捷菜单中选择"重命名"命令，如图 6.14 所示。

③ 输入存储过程的新名称并回车确认。

此外，也可以使用系统存储过程 sp_rename 更改存储过程的名称。语法格式如下：

SP_RENAME 存储过程原名　存储过程新名

要更改存储过程的名称，只有存储过程的所有者才具有这样的权限，更改的存储过程新名必须符合 SQL Server 的命名规则。另外，一般不要随便更改存储过程的名称，原因是这样会造成许多与存储过程依附的对象找到存储过程而产生错误。因为对于存储过程的调用语句是嵌套在前台开发语句中，必须更改应用系统中所调用的存储过程的名称，才能确保执行无误。

图 6.14 选择"重命名"命令

（3）删除存储过程

① 在企业管理器中，依次展开"服务器组"、"服务器"、"数据库"节点。

② 单击相应的数据库，单击数据库下的"存储过程"节点，在详细窗口右击要修改的存储过程，从弹出的快捷选单中选择"删除"命令。

③ 当显示"除去对象"对话框时，如果要查看删除当前存储过程对其他数据库对象有什么影响，单击"显示相关性"按钮。

④ 单击"全部除去"，执行删除操作。

此外，drop procedure 语句能够从当前数据库删除一个或多个存储过程，语法格式如下：

```
DRO PROCEDURE 存储过程名称 [,……n]
```

6.4 信用卡还款信息提醒

信用卡已经成为很多人日常消费的一个必要组成部分。一个用户可能有多个信用卡和储蓄卡，对于每一个信用卡的还款日期不能时刻准确的记住。个人理财软件通过创建存储过程，可以在指定的还款日期对用户进行提醒，提醒用户需要偿还信用卡的相关信息。根据跟学示范所讲解的创建存储过程的方法，在任务实践中，完成该存储过程的创建。

代码如下：

```
USE gerenlicai
GO
CREATE procedure huankuan
@ZhanghuMC varchar(50) output,
@ZhanghuLX varchar(50) output
as
    select @ZhanghuMC=ZhanghuMC, @ZhanghuLX=ZhanghuLX    from Zhanghu where
day(ZhanghuRQ)=day(getdate()) and ZhanghuLX='信用卡'
GO
```

创建存储过程后，通过以下语句实现存储过程的调用。运行结果如图 6.15 所示。

```
declare @ZhanghuMC varchar(50)
declare @ZhanghuLX varchar(50)
exec huankuan @ZhanghuMC output,@ZhanghuLX output
print @ZhanghuMC+@ZhanghuLX
```

图 6.15 存储过程的调用和执行

当信用卡到达还款期限，用户登录个人理财软件后，会出现如图 6.16 所示的提示信息。

图 6.16 通过存储过程实现信用卡还款信息提醒

如果需要对提示信息进行更改，或者对存储过程实现的功能进行更改，可以在企业管理器中，打开存储过程的属性窗口，在文本窗口完成。只要存储过程的名称和参数不变，在前台不需要进行任何的更改，这也充分体现了存储过程的优点。针对存储过程的相关操作可根据跟学示范的介绍自行完成。

6.5 账户余额自动更新

6.5.1 创建触发器

一个用户具有多个账户，在个人理财的账户表中记录用户的账户的相关信息，如图 6.17 所示。

在收支明细表中记录用户收入和支出的相关信息，如图 6.18 所示。

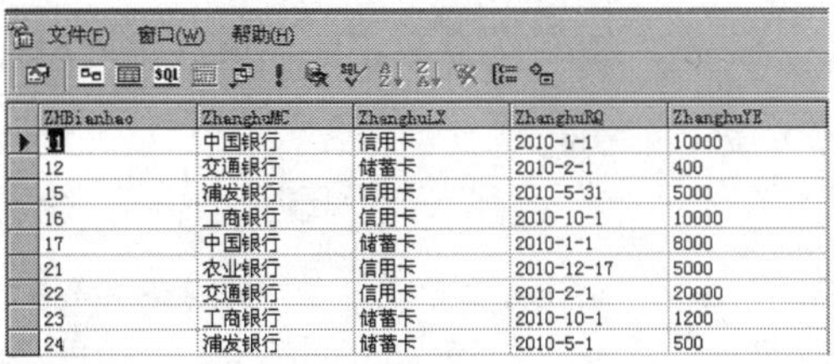

ZHBianhao	ZhanghuMC	ZhanghuLX	ZhanghuRQ	ZhanghuYE
11	中国银行	信用卡	2010-1-1	10000
12	交通银行	储蓄卡	2010-2-1	400
15	浦发银行	信用卡	2010-5-31	5000
16	工商银行	信用卡	2010-10-1	10000
17	中国银行	储蓄卡	2010-1-1	8000
21	农业银行	信用卡	2010-12-17	5000
22	交通银行	信用卡	2010-2-1	20000
23	工商银行	储蓄卡	2010-10-1	1200
24	浦发银行	储蓄卡	2010-5-1	500

图 6.17　Zhanghu 表数据

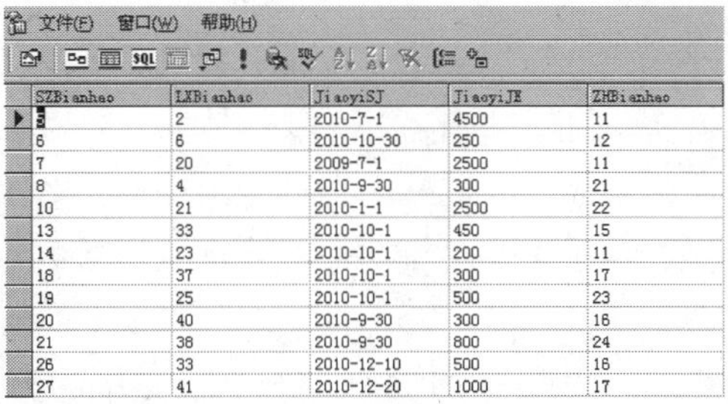

SZBianhao	LXBianhao	JiaoyiSJ	JiaoyiJE	ZHBianhao
5	2	2010-7-1	4500	11
6	6	2010-10-30	250	12
7	20	2009-7-1	2500	11
8	4	2010-9-30	300	21
10	21	2010-1-1	2500	22
13	33	2010-10-1	450	15
14	23	2010-10-1	200	11
18	37	2010-10-1	300	17
19	25	2010-10-1	500	23
20	40	2010-9-30	300	16
21	38	2010-9-30	800	24
26	33	2010-12-10	500	16
27	41	2010-12-20	1000	17

图 6.18　ShouzhiMX 表数据

通过创建触发器，实现当用户发生了收入或支出的记录，在账户表的余额能同步的自动更新。当前功能通过表的级联更新或级联删除是无法实现的。创建触发器可以使用 create trigger 语句来完成，也可以使用企业管理器完成。

1. 使用 create trigger 语句创建触发器

语法格式如下：

```
create trigger 触发器名 on 表或视图
   for| after| instead of       /操作时机
   insert, update, delete
   [with encryption]
   as
     sql 语句
```

说明如下。

① 触发器的名称要符合标识符的命名规则，并且在数据库中是唯一的。

② for、after、instead of 子句用来指定触发器激活的时机。

③ insert、update、delete 子句用来指定当表或视图执行修改操作时激活触发器。

④ with encryption 子句用来加密 create trigger 语句正文文本。

使用 create trigger 语句创建触发器，应注意以下几点。

① create trigger 语句必须是批处理的第一条语句。

② 创建触发器的权限默认属于表的所有者，而且不能再授权他人。

③ 只能在当前数据库中创建触发器，但触发器可以引用其他数据库的对象。在一个表上可以建立名称不同、类型各异的触发器，每个触发器可以由 3 种动作（insert、delete、update）引发，但每个触发器只能作用在一个表上。

④ 触发器不能在临时表或系统表上创建，可以在触发器中引用临时表，但不能引用系统表。

⑤ 由于 truncate table 语句的操作不被记入事务日志，所以它不会激活 delete 触发器。

⑥ 通常不要在触发器中返回任何结果，因此就不要在触发器定义中使用 select 语句或变量赋值语句。如果必须使用变量赋值语句，请在触发器定义的开始部分使用 set nocount 语句来避免返回结果。

⑦ 大部分 Transact-SQL 语句都可以用在触发器中，但也有一些限制，如所有建立和修改数据库及对象的语句、所有 drop 语句都不允许在触发器中使用。

【例题 6.2】 根据当前任务的要求，在 gerenlicai 数据库中，当 ShouzhiMX 表增加一条收入或支出记录时，创建触发器，使 Zhanghu 表相应的账户余额自动更新。代码如下：

```
    use gerenlicai
go
create trigger yue_insert  on ShouzhiMX
after insert
as
  declare  @x int, @y money ,@z varchar(50), @w int
  select  @x=LXBianhao, @y=JiaoyiJE, @w=ZHBianhao from inserted
  select @z=Shouzhi from Leixing where LXBianhao=@x
  if @z='收入'  update zhanghu set zhanghuye=@y+zhanghuye where ZHBianhao=@w
  if @z='支出'  update zhanghu set zhanghuye=zhanghuye-@y where ZHBianhao=@w
go
```

运行结果如图 6.19 所示。

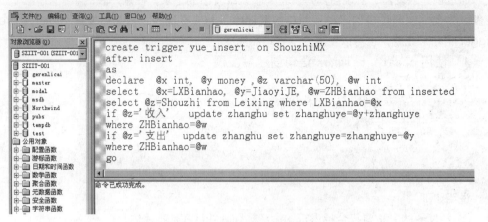

图 6.19 INSERT 触发器的创建

通过前台的操作能看到直观的运行效果。当前的账户信息如图 6.20 所示。

在当前的收支明细中添加一条收支记录，单击"继续添加"按钮，如图 6.21 所示。

再打开账户信息进行查看，其中的"工商银行 2"账户的余额发生了变动，说明触发器被激活，实现了账户余额的自动更新，如图 6.22 所示。

2．使用企业管理器创建触发器

① 在企业管理器中展开"服务器组"，服务器。

② 在"数据库"文件夹中，展开要建立触发器的数据库 gerenlicai，单击"表"节点，在详细窗口右击要创建触发器的表，在弹出的快捷选单中，选择"所有任务"选项下的"管理触发器"命令，如图 6.23 所示。

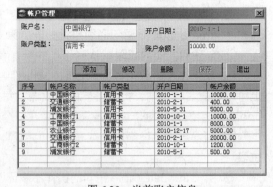

图 6.20 当前账户信息

③ 当出现如图 6.24 所示的对话框，从"名称"下拉列表中选择"<新建>"。

④ 在文本编辑框中，输入创建触发器代码。

⑤ 单击"检查语法"按钮，以检查 SQL 语句是否正确。

⑥ 单击"确定"按钮，完成触发器创建。

图 6.21 添加收支记录

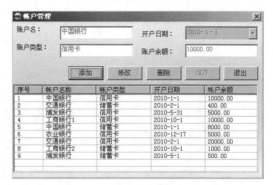

图 6.22 基于 update 操作激活的触发器

图 6.23 选择"管理触发器"命令

图 6.24 输入触发器代码

6.5.2 触发器基本操作

1. 查看和重命名触发器

一个触发器建立完成后，可以查看触发器的名称、类型等信息，还可以根据需要对触发器进行重命名。

（1）查看触发器

① 使用系统存储过程 sp_help 查看一个触发器的名称、类型、所有者及建立时间，语法格式为：

```
[EXECUTE] SP_HELP 触发器名称
```

② 使用系统存储过程 sp_helptrigger 查看一个触发器的类型，语法格式为：

```
[EXECUTE] SP_HELPTRIGGER 触发器所属表的名称
```

③ 使用系统存储过程 sp_helptext 查看一个未加密的触发器的定义，语法格式为：

```
[EXECUTE] SP_HELPTEXT 触发器名称
```

④ 使用系统存储过程 sp_depends 查看一个触发器的依赖关系，语法格式为：

```
[EXECUTE] SP_DEPENDS 触发器名称
```

除此之外，还可以用企业管理器查看：在表上单击右键→"所有任务"→"管理触发器"，选择所要查看的触发器。

（2）重命名触发器

① 用查询分析器重命名，语法格式为：

```
exec sp_rename 原名称, 新名称
```

sp_rename 是 SQL Server 自带的一个存储过程，用于更改当前数据库中用户创建的对象的名称，如表名、列表、索引名等。

② 用企业管理器重命名：在表上单击右键→"所有任务"→"管理触发器"，选中所要重命名的触发器，修改触发器语句中的触发器名称，单击"确定"。

2. 禁止和启用触发器

禁止触发器就是使触发器不被激活，如同没有创建一样，启用触发器是使触发器从禁止状态转为使用状态。禁止触发器只能在查询分析器中进行。可以使用 alter table 语句中的 disable trigger 子句来使某个触发器无效，使用 alter table 语句中的 enable trigger 子句使触发器重新有效。语法格式如下。

```
① 禁用: alter table 表名 disable trigger 触发器名称
② 启用: alter table 表名 enable trigger 触发器名称
```

如果有多个触发器，则各个触发器名称之间用英文逗号隔开。如果把"触发器名称"换成"ALL"，则表示禁用或启用该表的全部触发器。

3. 删除触发器

（1）用查询分析器删除

在查询分析器中使用 drop trigger 触发器名称来删除触发器。也可以同时删除多个触发器，语法格式为：

```
drop trigger 触发器名称,触发器名称……
```

注意：触发器名称是不加引号的。在删除触发器之前可以先看一下触发器是否存在。

```
if Exists(select name from sysobjects where name=触发器名称 and xtype='TR')
```

（2）用企业管理器删除

在企业管理器中，在表上单右键→"所有任务"→"管理触发器"，选中所要删除的触发器，然后单击"删除"。

【例题 6.3】 根据当前任务的要求，在 gerenlicai 数据库中，当 ShouzhiMX 表删除一条收入或支出记录时，创建触发器，使 Zhanghu 表相应的账户余额自动更新。代码如下：

```
    use gerenlicai
    go
```

```
create trigger yue_delete  on ShouzhiMX
after delete
as
declare @x int, @y money ,@z varchar(50), @w int
select  @x=LXBianhao, @y=JiaoyiJE, @w=ZHBianhao from deleted
select @z=Shouzhi from Leixing where LXBianhao=@x
if @z='收入'  update zhanghu set zhanghuye=zhanghuye-@y where ZHBianhao=@w
if @z='支出'  update zhanghu set zhanghuye=zhanghuye+@y where ZHBianhao=@w
go
```

当前账户信息如图 6.22 所示。从当前收支明细中删除一条收支记录，单击"删除"按钮，如图 6.25 所示。

图 6.25　收支明细表删除记录

打开账户信息，如图 6.26 所示。账户余额自动更新，其中"工商银行 2"账户余额发生了变动。

图 6.26　基于 DELETE 操作激活的触发器

【例题 6.4】 根据当前任务的要求，在 gerenlicai 数据库中，当 ShouzhiMX 表修改一条收入或支出记录时，创建触发器，使 Zhanghu 表相应的账户余额自动更新。代码如下：

```
use gerenlicai
go
create trigger yue_update on ShouzhiMX
```

```
after update
as
declare @y money , @w int,@z money
select  @y=JiaoyiJE, @w=ZHBianhao from inserted
select @z=JiaoyiJE from deleted
update zhanghu set zhanghuye=zhanghuye-@z+@y where ZHBianhao=@w and Shouzhi='收入'
update zhanghu set zhanghuye=zhanghuye+@z-@y where ZHBianhao=@w and Shouzhi='支出'
go
```

当前账户信息如图 6.26 所示。从收支明细表中修改一条收支记录，如图 6.27 所示。单击"保存退出"按钮。

打开账户表查看"工商银行 1"账户的余额，如图 6.28 所示。

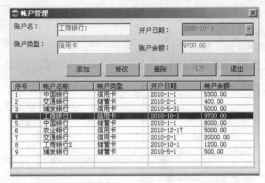

图 6.27　收支明细表的 update 操作　　　　图 6.28　基于 update 操作激活的触发器

基于触发器的基本操作可根据上节内容介绍自行完成，在这里就不再详细介绍。

第三部分　自 学 拓 展

6.6　使用批处理

批处理是包含一个或多个 Transact-SQL 语句的组，从应用程序一次性地发送到 Microsoft SQL Server 执行。SQL Server 将批处理语句编译成一个可执行单元，此单元称为执行计划。执行计划中的语句每次执行一条。建立批处理时，使用 GO 语句作为批处理的结束标志，在一个 GO 语句行中不能包含其他 Transact-SQL 语句，但可以使用注释文字。

在运行 SQL 语句过程中，学习者会多次发现在有的情况下，SQL 语句出现错误提示，但部分语句仍然照常执行，不像其他的开发工具，当程序出现错误的时候，当前代码都无法运行。比如，在创建一个数据库对象的时候，语句出现错误，但该数据库对象仍然创建在数据库中，再次运行 SQL 语句，会提示已经存在同名的数据库对象，下面来解释其中的原因。批处理中出现的错误分成两种类型。

① 编译错误（如语法错误）使执行计划无法编译，从而导致批处理中的任何语句均无法执行。

② 运行时错误（如算术溢出或违反约束）会产生以下两种影响之一：

a. 大多数运行时错误将停止执行批处理中当前语句和它之后的语句；

b. 少数运行时错误（如违反约束）仅停止执行当前语句，而继续执行批处理中其他所有语句。

在遇到运行时错误之前执行的语句不受影响。唯一的例外是如果批处理在事务中而且语句运行导致事务回滚，例如触发器的激活。在这种情况下，回滚运行时错误之前所进行的未提交的数据修改。

假定在批处理中有 10 个语句。如果第 5 个语句有一个语法错误，则不执行批处理中的任何语句。如果编译了批处理，而第 2 个语句在执行时失败，则第 1 个语句的结果不受影响，因为它已经执行。例如：

```
select au_lname from authors
select au_fname from authors
```

如果两个语句中有一个出错，则都不会执行，可以使用：

```
select au_lname from authors
go
select au_fname from authors
```

如果第 2 个语句错误，第 1 个照样执行。

除此之外，建立批处理，还应当遵循以下几个规则。

① create default、create Procedure、create rule、create trigger 和 create view 语句不能在批处理中与其他语句组合使用。批处理必须以 create 语句开始。所有跟在该批处理后的其他语句将被解释为第一个 create 语句定义的一部分。

② 不能在同一个批处理中更改表，然后引用新列。

③ 如果 execute 语句是批处理中的第一句，则不需要 execute 关键字。如果 execute 语句不是批处理中的第一条语句，则需要 execute 关键字。

④ 在批处理中设置的 check 约束或修改字段名，多不能在当前批处理中立即使用。

6.7 局部变量和全局变量

在 SQL Server 中，我们常常使用临时表来存储临时结果。对于结果是一个集合的情况，这种方法非常实用，但当结果仅仅是一个数据或者是几个数据时，还要去建一个表，显得就比较麻烦。另外，当一个 SQL 语句中的某些元素经常变化时，比如选择条件，应该使用局部变量，当然 SQL Server 的全局变量也很有用。

1. 局部变量

局部变量是用户自己定义的变量，它的作用范围仅在程序内部。局部变量必须以 "@"开头，而且必须先声明后使用。其声明格式如下：

```
DECLARE @变量名 变量类型[,@变量名 变量类型]
```

在 Transact-SQL 中不能像在一般的程序语言中一样使用 "变量=变量值" 来给变量赋值。必须使用 select 或 set 命令来设定变量的值，其语法如下。

```
SELECT@局部变量=变量值
SET @局部变量=变量值
```

例如：声明一个长度为 10 个字符的变量 id 并赋值。

```
declare @id char(10)
select @id='10010001'
```

注意：可以在 select 命令查询数据时，在 select 命令中直接将列值赋给变量。

2. 全局变量

全局变量是 SQL Server 系统内部使用的变量，起作用范围并不局限于某一程序，而是任何程序均可随时调用。全局变量通常存储一些 SQL Server 的配置设置值和效能统计数据。用户可在程序中用全局变量来测试系统的设定值或者 Transact-SQL 命令执行后的状态值。从 SQL Server 7.0 开始，全局变量就以系统函数的形式使用。用户不能建立全局变量，也不能用 set 语句来修改全局变量，通常可以将全局变量的值赋给局部变量，以便保存和处理。全局变量的符号及其功能如表 6.1 所示。

表 6.1　　　　　　　　　　　　　全局变量及其功能

全 局 变 量	功　　能
@@CONNECTIONS	自 SQL Server 最近一次启动以来登录或试图登录的次数
@@CPU_BUSY	自 SQL Server 最近一次启动以来 CPU Server 的工作时间
@@CURRSOR_ROWS	返回在本次连接最新打开的游标中的行数
@@DATEFIRST	返回 set datefirst 参数的当前值
@@DBTS	数据库的唯一时间标记值
@@ERROR	系统生成的最后一个错误，若为 0 则成功
@@FETCH_STATUS	最近一条 fetch 语句的标志
@@IDENTITY	保存最近一次的插入身份值
@@IDLE	自 CPU 服务器最近一次启动以来的累计空闲时间
@@IO_BUSY	服务器输入输出操作的累计时间
@@LANGID	当前使用的语言的 ID
@@LANGUAGE	当前使用语言的名称
@@LOCK_TIMEOUT	返回当前锁的超时设置
@@MAX_CONNECTIONS	同时与 SQL Server 相连的最大连接数量
@@MAX_PRECISION	十进制与数据类型的精度级别
@@NESTLEVEL	当前调用存储过程的嵌套级，范围为 0～16
@@OPTIONS	返回当前 SET 选项的信息
@@PACK_RECEIVED	所读的输入包数量
@@PACKET_SENT	所写的输出包数量
@@PACKET_ERRORS	读与写数据包的错误数
@@RPOCID	当前存储过程的 ID
@@REMSERVER	返回远程数据库的名称
@@ROWCOUNT	最近一次查询涉及的行数
@@SERVERNAME	本地服务器名称
@@SERVICENAME	当前运行的服务器名称
@@SPID	当前进程的 ID
@@TEXTSIZE	当前最大的文本或图像数据大小
@@TIMETICKS	每一个独立的计算机报时信号的间隔(ms)数，报时信号为 31.25ms 或 1/32s
@@TOTAL_ERRORS	读写过程中的错误数量
@@TOTAL_READ	读磁盘次数（不是高速缓存）

续表

全 局 变 量	功 能
@@TOTAL_WRITE	写磁盘次数
@@TRANCOUNT	当前用户的活动事务处理总数
@@VERSION	当前 SQL Server 的版本号

【例题 6.5】 利用全局变量查看 SQL Server 的版本、当前所使用的 SQL Server 服务器名称和使用的服务名称等信息。代码如下：

```
PRINT '目前所用的 SQL Server 的版本如下：'
PRINT @@VERSION                                    /显示版本信息
PRINT ''                                           /换行
PRINT '目前所用的 SQL Server 服务器名称为：'+@@SERVERNAME    /显示服务器名称
PRINT ''
PRINT '目前所用的服务名称为：'+@@SERVICENAME
GO
```

在查询分析器中运行上述代码，结果如图 6.29 所示。

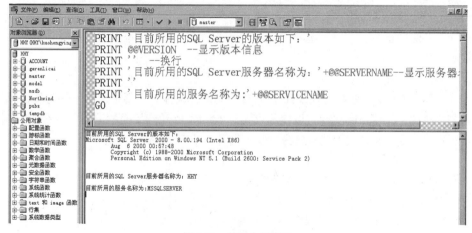

图 6.29　使用全局变量

6.8　流程控制语句

Transact-SQL 语言提供了一些可以用于改变语句执行顺序的命令，称为流程控制语句。流程控制语句允许用户更好地组织存储过程中的语句，方便地实现程序的功能。流程控制语句与常见的程序设计语言类似，主要包含以下几种。

1. begin……end 语句

```
BEGIN
    <命令行或程序块>
END
```

begin……end 用来设置一个程序块，该程序块可以被视为一个单元执行。begin……end 经常在条件语句中使用，如 if……else 语句。如果当 if 或 else 子句为真时，想让程序执行其后的多条语句，这时就要把这多条语句用 begin……end 括起来使之成为一个语句块。在 begin……end 语句中可以嵌套另外的 begin……end 语句来定义另一程序块。

2. if……else 语句

```
IF <条件表达式>
    <命令行或程序块>
[ELSE [条件表达式]
    <命令行或程序块>]
```

其中<条件表达式>可以是各种表达式的组合，但表达式的值必须是"真"或"假"。else 子句是可选的。if……else 语句用来判断当某一条件成立时执行某段程序，条件不成立时执行另一段程序。如果不使用程序块，if 或 else 只能执行一条命令。if……else 可以嵌套使用，最多可嵌套 32 级。

3. if……exists 语句

① If 后面的布尔表达式可含有 select 语句，如果 select 语句一个值，它可用来与另一值进行比较，以得到布尔表达式。

② 如果 select 语句返回不止一个值，可使用 if……exists 语法如下：

```
IF EXISTS(SELECT STATEMENT)
    {SQL_STATEMENT| STATEMENT_BLOCK}
[ELSE [BOOLEAN_EXPRESSION]
    {SQL_ STATEMENT| STATEMENT_BLOCK }]
```

注意：一定不要把 if……exists 和聚合函数一起使用，因为聚合函数总是返回数据，即使数据是 0。

4. while 语句

while 语句用于设置重复执行 SQL 语句或语句块的条件。只要指定的条件为真，就重复执行语句。其中，continue 语句可以使程序跳过 continue 语句后面的语句，回到 while 循环的第一行命令。Break 语句则使程序完全跳出循环，结束 while 语句的执行。

① break 语句交在某些情况发生时，立即无条件地退出最内层 while 循环，语法为：

```
WHILE 逻辑表达式
BEGIN
BREAK
END
```

② continue 语句在某些情况发生时，控制程序跳出本次循环，重新开始下一次 while 循环。语法为：

```
WHILE 逻辑表达式
BEGIN
    CONTINUE
END
```

注意：如果 select 语句用作 while 语句的条件，那么，select 语句必须包含在英文括号中。

5. case 语句

```
CASE<运算式>
    WHEN<运算式>THEN<运算式>
    ……
    WHEN<运算式>THEN<运算式>
[ELSE<运算式>]
END
```

例如，在 pubs 数据库中查询每个作者所居住州的全名，可以使用如下代码实现：

```
SELECT au_fname, au_lname,
  CASE state
    WHEN 'CA' THEN 'California'
    WHEN 'KS' THEN 'Kansas'
    WHEN 'TN' THEN 'Tennessee'
    WHEN 'OR' THEN 'Oregon'
    WHEN 'MI' THEN 'Michigan'
    WHEN 'IN' THEN 'Indiana'
    WHEN 'MD' THEN 'Maryland'
    WHEN 'UT' THEN 'Utah'
      END AS StateName
FROM pubs.dbo.authors
ORDER BY au_lname
```

执行结果：

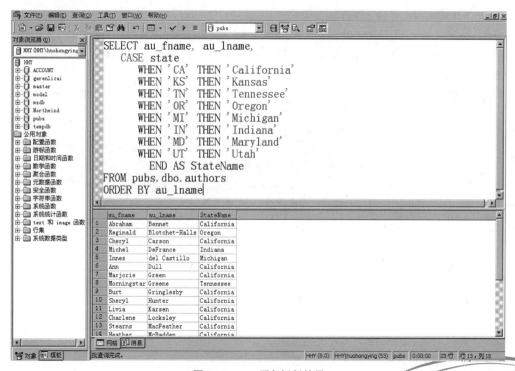

图 6.30　case 子句运行结果

6. return 语句

return 语句用于无条件地终止一个查询、存储过程或者批处理，此时位于 return 之后的程序将不会被执行。return 语句的语法形式为：

RETURN　整数表达式

通常，存储过程使用返回代码表示存储过程执行的成功或失败。无错误，则返回 0，否则，返回非零值。

7. waitfor 语句

waitfor 语句用于暂时停止执行 SQL 语句、语句块或者存储过程等，直到所设定的时间已过或者所设定的时间已到才继续执行。语法如下：

WAITFOR　delay 时间间隔

其中，时间间隔指定执行 waitfor 语句之前需要等待事件，最多为 24h。也可写成：

```
WAITFOR  time 时间值
```

其中，时间值指定 waitfor 语句将要执行的时间。

第四部分 基 本 训 练

一、选择题

1. 在 SQL Server 2000 中，当数据表被修改时，系统自动执行的数据库对象是（   ）。

A. 存储过程　　　　B. 触发器　　　　C. 视图　　　　D. 其他数据库对象

2. 声明了变量：declare @i int,@c char（4），现在为 @i 赋值 10，为 @c 赋值'abcd'，正确的语句是（   ）。

A. set @i=10, @c='abcd'　　　　　　B. set i=10, set @c='abcd'

C. select @i=10, @c='abcd'　　　　　D. elect @i=10, select @c='abcd'

3. 有如下代码，当代码中_[关键字]_分别为 break、continue、return 时，最后的 print @n 输出的值为（   ）。

```
declare  @n int
set @n=3
while @n>0
begin
set @n=@n-1
if @n=1  _[关键字]_
end
print @n
```

A. 1，0，不输出　　　　　　　　B. 1，1，1

C. 0，0，0　　　　　　　　　　　D. 0，1，2

二、简答题

1. 何为批处理？如何标识多个批处理？

2. Transact-SQL 语言附加的语言要素有哪些？

3. 全局变量有何特点？

4. 如何定义局部变量？如何给局部变量赋值？

5. 使用存储过程的主要优点有哪些？

6. 存储过程分哪两类？各有何特点？

7. 使用哪些存储过程可以查看存储过程信息？

8. 触发器与一般存储过程的主要区别在哪里？

9. 简述 insert 触发器的工作原理。

10. 触发器的类型及其相对的语句命令有哪些？

任务七 SQL Server 的安全管理

学习情境

对任何企业组织来说，数据的安全性最为重要。安全性主要是指允许那些具有相应的数据访问权限的用户能够登录到 SQL Server 访问数据，并对数据库对象实施各种权限范围内的操作，但是要拒绝所有的非授权用户的非法操作。SQL Server 的安全管理可以分为服务器安全管理和数据库安全管理，服务器的管理主要是用户对整个服务器的操作权限，数据库的管理主要涉及用户对数据库的权限。

1. 服务器管理

一个公司需要软件开发人员为其开发一个 MIS 系统，所有的人在进入系统前都必须进行身份的验证，每个部门的人只能看到本部门的相关数据。例如，采购部的人员和销售部的人员不能访问对方的数据，而总经理能看到所有的数据，这些功能都需要通过程序实现。但如果不考虑安全性的设置，所有访问者只需要打开后台数据库，就能直接访问和操作数据库中所有的数据，如图 7.1 所示。

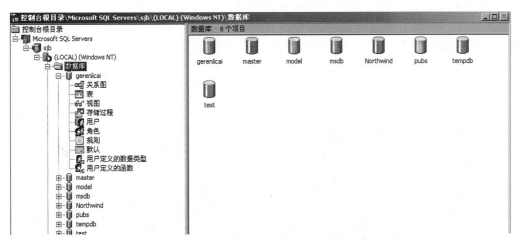

图 7.1 直接访问和操作数据库

创建登录账户，设置用户对服务器的访问权限，如图 7.2、图 7.3 所示。输入正确的用户名和密码后才具有对服务器操作的权限。

以上操作只是建立了登录 SQL Server 的账户，用户登录后还不能对数据库进行访问，将登录账户添加为数据库用户后，使用登录账户登录的 SQL Server 的用户就可以实现对数据库的访问。

2. 数据库管理

某学院校园网的网站上，不同部门具有不同的操作模块，有教务处的教务管理系统、财务处的财务系统、人事处的人事管理系统，所有这些系统的后台都集中在学院信息中心的同一个服务器上，以 SQL Server 为数据库平台，要求负责不同部门模块的开发人员均只有权限操作自己负责的本部门的数据库，而无法访问和操作其他部门后台数据库的数据。

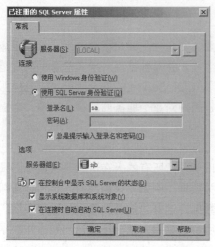

图 7.2　设置登录服务器的用户名和密码

图 7.3　登录服务器身份验证

　　如图 7.4 所示，以 sa 身份进入服务器后，在"安全性"→"登录"中创建登录账户 user1,设置登录账户名称 user1，密码 123456，指定登录的数据库 gerenlicai，以及所具有的数据库角色 public。

　　如图 7.5 所示，以 user1 身份登录服务器，录入用户名和密码。

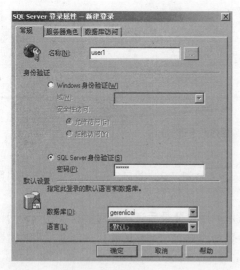

图 7.4　设置登录账户

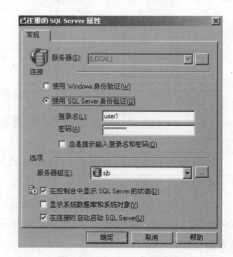

图 7.5　以 user1 身份登录

如图 7.6 所示，user1 用户只具有访问和操作 gerenlicai 数据库的权限，而不能访问其他用户数据库。

图 7.6 禁止 user1 用户访问其他数据库

第 一 部 分 基 本 知 识

7.1 SQL Server 的安全机制

数据库通常都保存着重要的商业伙伴和客户信息，还有敏感的金融数据，包括交易记录、商业事务和账号数据，战略上的或者专业的信息，比如专利和工程数据，甚至市场计划等应该保护起来防止竞争者和其他非法者获取的资料。数据完整性和合法存取会受到很多方面的安全威胁，包括密码策略、系统后门、数据库操作以及本身的安全方案。但是数据库通常没有像操作系统和网络这样在安全性上受到重视。

微软的 SQL Server 是一种广泛使用的数据库，很多电子商务网站、企业内部信息化平台等都是基于 SQL Server 上的。多数管理员认为只要把网络和操作系统的安全搞好了，那么所有的应用程序也就安全了。数据库系统中存在的安全漏洞和不当的配置通常会造成严重的后果，而且都难以发现。数据库应用程序通常同操作系统的最高管理员密切相关。广泛 SQL Server 数据库又是属于"端口"型的数据库，这就表示任何人都能够用分析工具试图连接到数据库上，从而绕过操作系统的安全机制，进而闯入系统、破坏和窃取数据资料，甚至破坏整个系统。

SQL Server 的安全性管理是建立在认证（authentication）和访问许可（permission）两种机制上的。认证是指来确定登录 SQL Server 的用户的登录账号和密码是否正确，以此来验证其是否具有连接 SQL Server 的权限。但是，通过认证阶段并不代表能够访问 SQL Server 中的数据，用户只有在获取访问数据库的权限之后，才能够对服务器上的数据库进行权限许可下的各种操作（主要是针对数据库对象，如表、视图、存储过程等），这种用户访问数据库权限的设置是通过用户账号来实现的。同时在 SQL Server 中，角色作为用户组的代替物大大地简化了安全性管理。验证过程如图 7.7 所示。

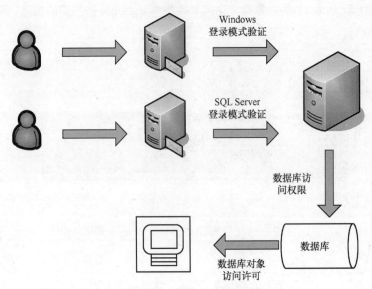

图 7.7　SQL Server 内容验证过程

7.2　安全认证模式

在 SQL Server 中存在两种安全验证模式，Windows 认证模式和混和认证模式。如果采用了 Windows 身份认证模式，客户端打开信任连接，它将 Windows 2000 的安全信任证书传送给 SQL Server，如果 SQL Server 在 Syslogins 表中查找到 Windows 用户账户或是组账户，便接受此连接，因为 Windows 2000 已经验证密码的有效性，所以 SQL Server 将不必重新验证密码。这种认证模式支持 Windows 2000 的高级安全特性，如密码长度、审核、加密等，并且通过为组用户指定单个登录账户的方式，可以大大减轻数据库管理员的负担。同时，采用这种认证方式，可以快速访问 SQL Server，而不必记忆登录账户和密码。如果采用混合认证模式，SQL Server 将认证登录是否存在于 Syslogins 表中，并且验证密码是否相符，这种认证方式使得非 Windows 客户端、Internet 客户端可以访问 SQL Server。

无论采用哪一种模式，在 SQL Server 中为系统管理者（sa）设置一个密码，安装 SQL Server 时，安装程序会自动建立一个带有 SQL Server 注册名称（sa）和一个空白密码的管理用户。如果保持这些用户设置而使用混合认证模式，任何具备一点 SQL Server 基础知识的用户都可以很容易地进入到数据库中并做任何他想要做的事情。如果使用的是 Windows 认证模式，则无需为 sa 用户设置一个密码，因为 SQL Server 注册不会接受这些设置。

7.2.1　Windows 认证模式

SQL Server 数据库系统通常运行在 NT 服务器平台或基于 NT 构架的 Windows 2000 上，而 NT 作为网络操作系统，本身就具备管理登录，验证用户合法性的能力，所以 Windows 认证模式正是利用这一用户安全性和账号管理的机制，允许 SQL Server 也可以使用 NT 的用户名和口令。在该模式下，用户只要通过 Windows 的认证就可连接到 SQL Server，而 SQL Server 本身也没有必要管理一套登录数据。

　　如果一个网络用户连接到 SQL Server 时提供的登录名称为空，则 SQL Server 将自动使用 Windows 身份验证。此外，如果用户试图使用特定的登录名称连接到配置为 Windows 身份验证模式的 SQL Server，则将忽略登录名称并使用 Windows 身份验证。

　　Windows 认证模式比起 SQL Server 认证模式来有许多优点，原因在于 Windows 认证模式集成了 NT 或 Windows 2000 的安全系统，并且 NT 安全管理具有众多特征，如安全合法性、口令加密、对密码最小长度进行限制等。所以，当用户试图登录到 SQL Server 时，它从 NT 或 Windows 2000 的网络安全属性中获取登录用户的账号与密码，并使用 NT 或 Windows 2000 验证账号和密码的机制来检验登录的合法性，从而提高了 SQL Server 的安全性。

　　设置该模式的操作步骤如下。

　　① 在企业管理器中展开"SQL Server 服务器组"，然后连接到要访问的服务器上。

　　② 右击该服务器并从快捷选单中选择"属性"命令。

　　③ 当出现"SQL Server 属性"对话框时，选择"安全性"选项卡，如图 7.8 所示。

　　④ 在"身份验证"区域，选择"仅 Windows"选项，指定用户只能使用 Windows 身份验证连接到 SQL Server 实例中。

　　⑤ 在"审核级别"区域，选择 SQL Server 错误日志中记录的用户访问 SQL Server 的级别。审核级别是 SQL Server 用来跟踪和记录登录用户在 SQL Server 实例上所发生的活动，比如成功或失败的记录。如果不执行审核，则选择"无"选项，这是默认值。

　　⑥ 在"启动服务账户"区域，如果要指定启动 SQL Server 服务的账户为内置的本地系统管理员账户，则选择"系统账户"选项；如果要指定启动 SQL Server 服务的账户为 Windows NT 或 Windows 2000 域账户，则选择"本账户"选项，并设置密码。

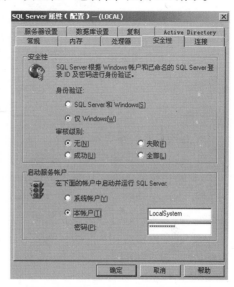

图 7.8　设置 Windows 身份验证安全性

　　⑦ 单击"确定"，然后停止并重新启动 SQL Server，以使所设置的身份验证模式生效。在重新启动之前，SQL Server 将继续运行在原来的身份验证模式下。

7.2.2　混和认证模式

　　混和认证模式是 Windows 身份验证和 SQL Server 身份验证的混和使用。在这种安全模式下，用户能够使用 Windows 身份验证或 SQL Server 身份验证与 SQL Server 进行连接。

　　在使用客户应用程序连接 SQL Server 服务器时，如果没有传来登录名和密码，SQL Server 将自动认定用户是要使用 SQL Server 身份验证模式，并且在这种模式下对用户进行认证。如果用户传来一个登录名和密码，则 SQL Server 就认为用户是要使用 SQL Server 身份验证模式，并将所传来的登录信息与存储在系统表中的数据进行比较。如果匹配，就允许用户连接到服务器，否则就拒绝连接。应用程序开发人员和数据库用户也许更喜欢 SQL Server 身份验证，因为他们熟悉登录和密码功能。对于连接到 Windows NT 或 Windows 2000 客户端以外的其他客户端，可能必须使用 SQL Server 身份验证。SQL Server 安全性决策树如图 7.9 所示。

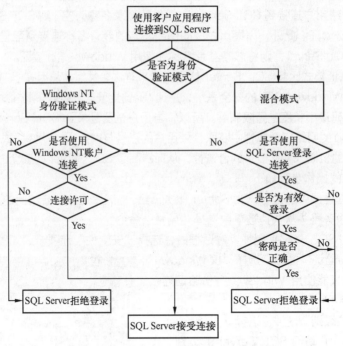

图 7.9　SQL Server 安全性决策树

设置该模式的操作步骤如下。

① 在企业管理器中展开"服务器组"，然后连接到要设置身份验证模式的服务器上。

② 右击该服务器并从快捷选单中选择"属性"命令。

③ 当出现"SQL Server 属性"对话框时，选择"安全性"选项卡。

④ 在"身份验证"区域，选择"SQL Server 和 Windows"选项。

⑤ 在"审核级别"区域，选择 SQL Server 错误日志中记录的用户访问 SQL Server 的级别。

7.3　基于角色管理 SQL Server 安全

通过选择的认证模式和建立的注册限制哪些用户可以进入到数据库是实施安全步骤的第一步。第二步就要列举可以访问数据库的所有用户，然后决定所有数据是否对所有的用户都适用。通常，需要对一些数据进行保护，比如工资或者其他私人数据，这就意味着只有特定的用户可以访问和查看数据。还可以设置哪些用户可以更改数据。始终记住的一条规则是"最小权利"概念。如果有人在他的工作中不需要访问数据，那就不要给他访问的权限。应该避免所有的用户都具有访问权限。

数据库的安全管理主要是对数据库用户的合法性和操作权限的管理。数据库用户是指具有合法身份的数据库使用者，角色是具有一定权限的用户组。SQL Server 的用户或角色分为二级：一级为服务器级用户或角色，另一级为数据库级用户或角色。

在 SQL Server 中可以把某些用户设置成某一角色，这些用户称为该角色的成员。当对该角色进行权限设置时，其成员自动继承该角色的权限。这样，只要对角色进行权限管理就可以实现对属于该角色的所有成员的权限管理，大大减少了工作量。

7.3.1 服务器用户和数据库用户

1．服务器用户

（1）查看登录账户

在安装 SQL Server 以后，系统默认创建 3 个登录账户。在企业管理器依次展开"服务器组"、"服务器"和"安全性"，然后单击"登录"，在详细信息窗格中看到 3 个内置登录账户，如图 7.10 所示。

图 7.10　查看服务器登录账户

① BUILTIN\Administrators：一个 Windows 组账户，凡是属于该组的用户账户都可以作为 SQL Server 登录账户使用。

② 域名/ Administrators：一个 Windows 用户账户，允许作为 SQL Server 登录账户使用。

③ sa：SQL Server 系统管理员登录账户，该账户拥有最高的管理权限，可以执行服务范围内的所有操作。

（2）创建登录账户

下面以创建一个基于 Windows 身份验证的登录账户为例来说明如何新增一个登录账户。

① 在 SQL Server 数据库服务器的"本地用户和组"中创建一个用户"DBUser"和组"DB Group"，且将 DBUser 加入 DB Group 组中，如图 7.11 所示。

图 7.11　创建用户和组

② 在企业管理器，单击"安全性"进入登录界面，右键单击"新建登录"，在弹出的窗口中，选择"Windows 身份验证"，并在域中选择正确的域名，如图 7.12 所示。

③ 在名称中，选择已经创建好的本地用户组 DB Group。其他设置保存默认，单击"确定"后，新增登录账户完成。

（3）管理登录账户

新增登录账户完成后，并没有对该用户进行授权，理论上该用户只能连接到数据库服务器，而不能访问任何的数据库。我们测试一下以该用户连接 SQL Server 服务器，观察下实际的访问情况。

① 以该用户（DBUser）身份登录到 SQL Server 服务器。

② 打开 SQL Server 企业管理器，分别打开示例数据库 Northwind 和用户数据库 gerenlicai，操作结果如图 7.13 和图 7.14 所示。

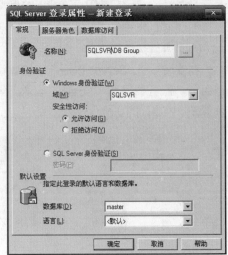

图 7.12 "新建登录"对话框

图 7.13 访问示例数据库

从上面两个图我们可以看到，DBUser 可以访问 Northwind 数据库，但无法访问自定义数据库 gerenlicai。因为没有对 DBUser 用户进行任何授权，所以连接到服务器后，SQL Server 默认用户以 guest 身份进行访问数据库。因 pubs 和 Northwind 数据库默认是允许 guest 用户访问，而自定义数据库默认已删除 guest 用户。所以出现上述有些数据库可以访问，有些数据库无权限访问的现象。

图 7.14 ·访问自定义数据库

2．数据库用户

一个登录账户可以在不同的数据库中映射为不同的用户账户，称为数据库用户或用户。它是数据库级用户，即是某个数据库的访问标识。在 SQL Server 的数据库中，对象的全部权限均由用户账号控制。用户账号可以与登录账号相同也可以不相同。

数据库用户必须是登录用户。登录用户只有成为数据库用户（或数据库角色）后才能访问数据库。用户账号与具体的数据库有关。例如，MyDb 数据库中的用户账号 use1 不同于 studentes 数据库中的用户账号 use1。

每个数据库的用户信息都存放在系统表 sysusers 中，通过查看该表可以看到当前数据库所有用户的情况。在该表中每一行数据表示一个 SQL Server 用户或 SQL Server 角色信息。创建数据库的用户称为数据库所有者（dbo），他具有这个数据库的所有权限。创建数据库对象的用户称为数据库对象的所有者（dbo），他具有该对象的所有权限。在每一个 SQL Server 2000 数据库中，至少有一个名称为 dbo 用户。系统管理员 sa 是他所管理系统的任何数据库的 dbo 用户。

（1）创建数据库用户

创建新的数据库用户有两种方法。

一种方法是在创建登录用户时，指定它作为数据库用户的身份。例如，在图 7.15 "新建登录" 对话框中，输入登录名称（如 user1），单击 "数据库访问" 选项卡，在 "指定此登录可以访问的数据库[S]" 区域的 "许可" 栏目下指定访问数据库（如 MyDb），登录用户 user1 同时也成为数据库 MyDb 的用户。

另一种方法是单独创建数据库用户，这种方法适于在创建登录账号时没有创建数据库用户的情况，操作步骤如下：右击 "用户" 文件夹，在弹出的菜单中选择 "新建数据库用户" 命令后，会出现图 7.16 所示 "新建用户" 对话框界面，在 "登录名" 下拉框中选择预创建用户对应的登录名，然后在 "用户名" 的文本框中输入用户名即可。如图 7.16 所示，通过此界面也可以设定该数据库用户的权限和角色的成员。

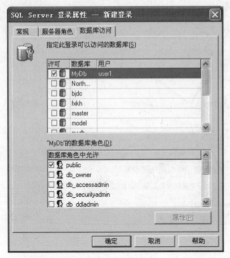 

图 7.15 创建登录时指定登录用户同时作为数据库用户　　图 7.16 单独创建数据库用户对话框

（2）查看和修改数据库用户

使用企业管理器可以查看和修改数据库用户。每个数据库中都有"用户"文件夹。当进入企业管理器，打开指定的 SQL 服务器组和 SQL 服务器，并打开"数据库"文件夹，选定并打开要操作的数据库后，单击"用户"文件夹就会出现如图 7.17 所示的用户信息窗口，通过该窗口可以看到当前数据库合法用户的一些信息。

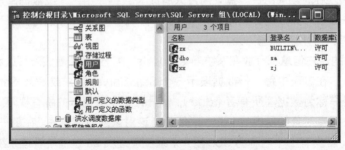

图 7.17 查看用户信息窗口

在数据库中建立一个数据库用户账户时，要为账户设置某种权限，可以通过它指定适当的数据库角色来实现。修改所设置的权限时，只需要修改该账户所属的数据库角色就可以了。

① 在企业管理器中展开"服务器组"，然后展开一个服务器。

② 展开"数据库"文件夹，然后展开用户账户所属的数据库。在目标数据库下单击"用户"节点，然后在详细信息窗格中右击要修改的用户账户并选择"属性"命令。

③ 当出现"数据库用户属性"对话框时，重新选择用户账户所属的数据库角色。

④ 单击"确定"按钮。

（3）删除数据库用户

在当前数据库中删除一个数据库用户，就删除了一个登录账户在当前数据库中的映射。

① 单击"用户"文件夹，在出现的显示用户账号的窗口中，右击需要操作的用户账号。

② 选择"属性"命令，出现该用户的角色和权限窗口，选择"删除"便可删除该数据库用户。

进行上述操作需要对当前数据库拥有用户管理（db_accessadmin）及以上的权限。

7.3.2 服务器角色

在安全容器中，能看到登录和服务器角色两个容器。登录容器中包括可以登录到 SQL Server 的用户和组，服务器角色拥有预置服务器操作权限，可以把用户加入服务器角色来给用户赋予对整个服务器的操作权限。

一台计算机可以承担多个 SQL Server 服务器的管理任务。固定服务器角色是对服务器级用户即登录账号而言的。它是指在登录时授予该登录账号对当前服务器范围内的权限。这类角色可以在服务器上进行相应的管理操作，完全独立于某个具体的数据库。固定服务器角色的信息存储在 master 数据库的 sysxlogins 系统表中，它不能更改或新增。当对某一使用者或群组设置好服务器角色后，其便拥有该服务器角色所拥有的权限，如图 7.18 所示。

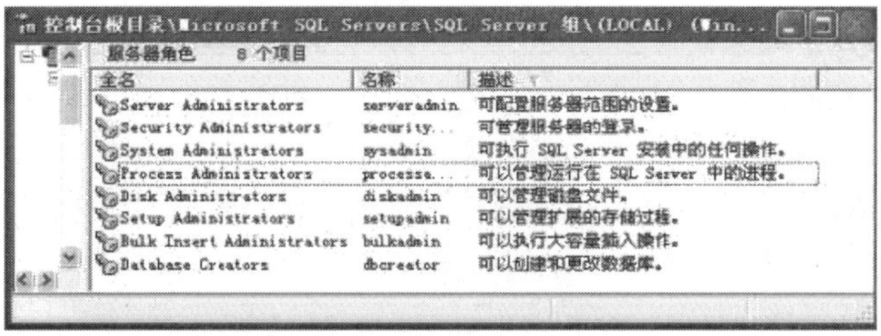

图 7.18　固定服务器角色

可以使用企业管理器将登录账户添加到某一指定的固定服务器角色作为其成员。操作步骤如下。

① 登录服务器后，展开"安全性"文件夹，单击"服务器角色"文件夹，则会出现图 7.18 所示的固定服务器角色窗口。

② 右击某一角色，在弹出的菜单中选择"属性"命令，可以查看该角色的权限，并可以添加某些登录账户作为该角色的成员，也可以将某一登录账户从该角色的成员中删除。

注意：

① 服务器角色的权限不可修改，与数据库角色不同，服务器角色不能被创建；

② 固定服务器角色不能被删除、修改和增加；

③ 固定服务器角色的任何成员都可以将其他的登录账号增加到该服务器角色中。

7.3.3 数据库角色

在一个服务器上可以创建多个数据库。数据库角色对应于单个数据库。数据库的角色分为固定数据库角色和用户定义的数据库角色。固定数据库角色是指 SQL Server 为每个数据库提供的固定角色。SQL Server 允许用户自己定义数据库角色，称为用户数据库角色。

1. 固定数据库角色

固定数据库角色的信息存储在 sysuers 系统表中。SQL Server 提供了 10 种固定数据库角色，如表 7.1 所示。

表 7.1   固定数据库角色

角　色	描　述
public	维护所有的默认权限
db_owner	执行数据库中的任何操作
db_accessadmin	可以增加或删除数据库用户、组和角色
db_addladmin	增加、修改或删除数据库对象
db_securityadmin	执行语句和对象权限管理
db_backupoperator	备份和恢复数据库
db_datareader	检索任意表中的数据
db_datawriter	增加、修改和删除所有表中的数据
db_denydatareader	不能检索任意一个表中数据
db_denydatawriter	不能修改任意一个表中的数据

可以使用企业管理器查看固定数据库角色，还可以将某些数据库用户添加到固定数据库角色中，使数据库用户成为该角色的成员。也可以将固定数据库角色的成员删除。将用户添加到某一数据库角色的步骤如下。

① 打开指定的数据库，单击"角色"文件夹。

② 右击某个固定数据库角色，在出现的菜单中选择"属性"命令，就会出现图 7.19 所示的数据库角色属性对话框。

图 7.19　数据库角色属性对话框

③ 单击"添加"按钮，则会出现该角色的非成员用户，按提示信息操作可以将他们添

加到该角色中。

④ 选中某一用户后，单击"删除"按钮可以将此用户从该角色中删除。

注意：

① public 角色是特殊的固定数据库角色，特点是捕获数据库中用户的所有默认权限、所有用户和角色或组默认属于 public 角色、无法将用户和组或角色指派给它，因为默认情况下它们即属于该角色，不能被删除；

② 为 public 角色授予权限时必须非常小心，因为一个小小的错误可能导致用户非法访问数据库；

③ SQL Server 提供的 10 种固定数据库角色不能被删除和修改；

④ 固定数据库角色的成员可以增加其他用户到该角色中。

2. 用户数据库角色

当固定服务器角色不能满足要求时，就可以自己创建数据库角色，定义一组用户具有相同的权限。使用企业管理器创建数据库角色的步骤如下。

① 在企业管理器中打开要操作的数据库文件夹。

② 右击"角色"文件夹，并在弹出的菜单中选择"新建数据库角色"命令，则出现新建数据库角色对话框，如图 7.20 所示。

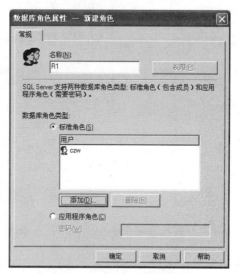

图 7.20　新增数据库角色对话框

③ 按提示回答角色名称等相应信息后，单击"确定"按钮即可。

在新建数据库角色对话框中可完成 3 种操作：在名称栏中输入新角色名；在用户栏中添加或删除角色中的用户；确定数据库角色的类型。

用户定义的数据库角色类型有两种：标准角色（Standard Role）和应用程序角色（Application Role）。标准角色用于正常的用户管理，它可以包括成员。而应用程序角色是一种特殊角色，需要指定口令，是一种安全机制。

对用户定义的数据库角色，可以设置或修改其权限。使用企业管理器进行操作的步骤如下。

① 打开操作数据库，选中用户定义的数据库角色。

② 右击此角色在弹出的菜单中选择"属性"命令。

③ 单击"权限"按钮，则会出现当前数据库的全部数据对象及该角色的权限标记（若对角色设置过权限，也可以仅列出该角色具有权限的数据对象），如图 7.21 所示。

④ 单击数据库角色权限设置对话框中数据对象访问权限的选择方格有 3 种状况。

√：授予权限，表示授予当前角色对指定的数据对象的该项操作权限。

×：禁止权限，表示禁止当前角色对指定的数据对象的该项操作权限。

空：撤销权限，表示撤销当前角色对指定的数据对象的该项操作权限。

使用企业管理器也可以删除用户定义的数据库角色。步骤为打开操作数据库，选中用户定义的数据库角色，右击此角色，在弹出的菜单中选择"删除"命令即可。

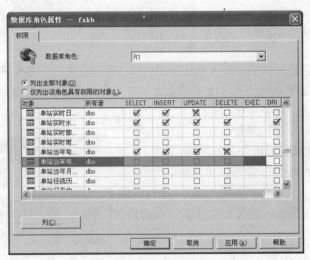

图 7.21　数据库角色权限设置对话框

第二部分　基本技能

在本任务中把表名标识成中文名称，便于大家进行权限的验证。

7.4　创建新的登录账户

创建名为"zhang"的 SQL Server 登录账户，利用"zhang"账户登录 Windows，进入 SQL Server 启动查询分析器，查看是什么结果；使用企业管理器将其添加到 SQL Server 中，再启动查询分析器，选择 gerenlicai 数据库，查询其中一个表，查看又是什么结果。

① 创建名为"zhang"的 SQL Server 登录账户。

a. 在控制面板中打开管理工具，如图 7.22 所示。

图 7.22　管理工具

b. 选择"计算机管理"，单击"本地用户和组"，在"用户"中新建用户，如图 7.23 所示。

c. 设置用户名和密码，如图 7.24 所示。

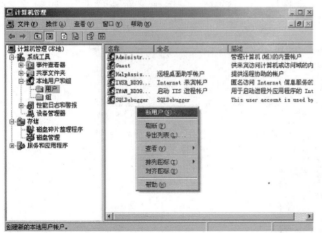

图 7.23　创建本地新用户

图 7.24　设置用户名和密码

② 注销，用 zhang 账户登录，登录页面如图 7.25 所示。

图 7.25　登录页面

③ 进入 SQL Server，启动查询分析器，显示结果如图 7.26 所示。

图 7.26　出错提示信息

④ 注销，返回 Administrator 登录，使用企业管理器将其添加到 SQL Server 中。

a. 打开企业管理器，单击"安全性"，在"登录"中选择"新建登录"，如图 7.27 所示。

图 7.27　新建登录

b. 设置登录账户的属性，如图 7.28 所示。

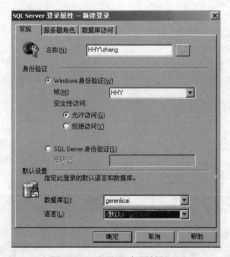

图 7.28　登录账户属性设置

c. 单击"确定"按钮，新建登录成功，如图 7.29 所示。

图 7.29　新建登录成功

⑤ 注销，用 zhang 账户登录，再启动查询分析器，选择 gerenlicai 数据库，查询其中的一个表，运行结果如图 7.30 所示。

图 7.30　结果显示窗口

正常登录服务器后，不能查询 gerenlicai 数据库的数据，显示"不是 gerenlicai 数据库的有效用户"。

7.5　创建和配置数据库用户

在 SQL Server 系统中，用户实现了安全登录后，如果在指定数据库中没有添加该用户，这一用户仍不能访问数据库，只有将用户账户添加到数据库中方可访问数据库。

① 在 gerenlicai 数据库中新建数据库用户，如图 7.31 所示。

② 设置登录名和用户名，单击"确定"按钮，如图 7.32 所示。

图 7.31　新建数据库用户

图 7.32　设置登录名和用户名

③ 注销，用 zhang 账户登录，再启动查询分析器，不具有对表对象查询的权限，运行结果如图 7.33 所示。

图 7.33 以 "zhang" 账户登录进行查询

7.6 创建数据库角色并授权

用户账户能够访问数据库 gerenlicai 后，仍不具有操作数据库对象的权限，应创建数据库角色，并为数据库角色授权。

① 打开企业管理器，选择 gerenlicai 数据库，右击"角色"，新建数据库角色，如图 7.34 所示。

② 新建数据库角色 TT，如图 7.35 所示。

③ 为数据库角色 TT 分配权限，如图 7.36 和图 7.37 所示。

图 7.34 在 gerenlicai 数据库中选择新建角色

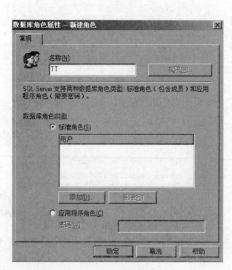

图 7.35 新建数据库角色

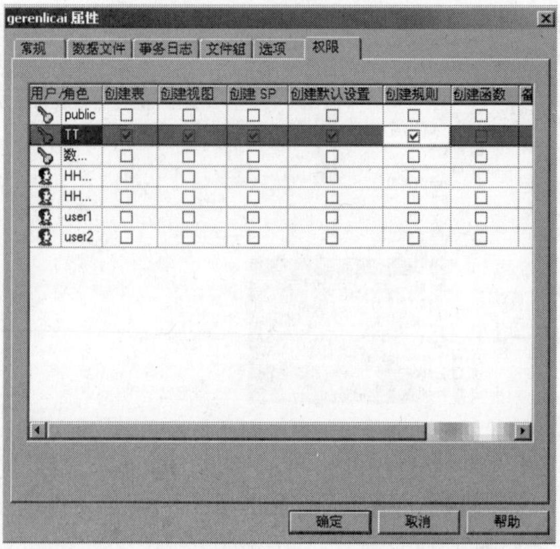

图 7.36 为数据库角色分配操作数据库权限

图 7.37　为数据库角色分配操作数据库对象权限

7.7　指定角色中的用户并操作数据库

将数据库角色添加到指定的用户账户，使之具有操作指定数据库对象的权限。

① 点击数据库角色 TT，打开属性窗口，选择添加用户，如图 7.38 所示。

② 将数据库用户 HHY\zhang 添加到数据库角色 TT 中，单击"确定"按钮，如图 7.39 所示。

图 7.38　为数据库角色添加用户

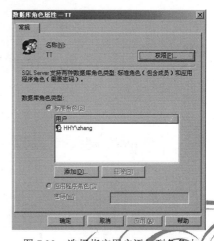

图 7.39　选择指定用户添加到角色中

③ 注销，用 zhang 账户登录，再启动查询分析器，运行查询语句，结果如图 7.40 所示。

【例题 7.1】　通过企业管理器创建一个名为 xs，密码是 123456，默认数据库为 Northwind 的账户，如图 7.41 所示。在建立用户的登录账户信息时，用户应该选择默认的数据库，以后每次连接上服务器后，系统都会自动转到默认的数据库上。这里也可以不指定数据库，系统默认为 master 库。

【例题 7.2】　以上的操作只是建立了登录 SQL Server 的账户，用户登录后还不能对数据库进行访问，将登录账户添加为数据库用户后，使用登录账户登录的 SQL Server 的用户就可以实现对数据库的访问。将用户 xs 添加到数据库 Northwind 中，如图 7.42 所示。此用户仅能访问当前数据库的数据，不能够创建新的对象，如图 7.43 所示。

图 7.40　查询结果

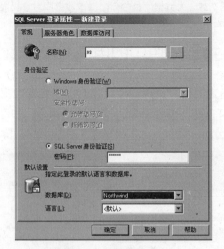

图 7.41　创建登录账户

图 7.42　添加数据库用户

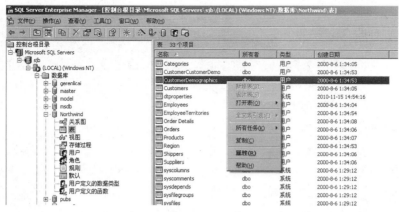

图 7.43　以 xs 用户登录当前数据库的操作权限显示

【例题 7.3】 SQL Server 提供了固定服务器角色和数据库角色，用户可以修改固定数据库角色的权限，也可以自己创建新的数据库角色，再分配权限给新的角色。然后将角色再赋予给数据库用户或登录账户，从而使数据库用户或登录账户拥有相应的权限。为数据库用户 xs 设置操作数据库权限和数据库对象权限，如图 7.44 和图 7.45 所示，测试结果如图 7.46 所示。

图 7.44　设置数据库操作权限

图 7.45　设置数据库对象操作权限

图 7.46　测试结果

第三部分　自 学 拓 展

7.8　管 理 权 限

7.8.1　权限的种类

SQL Server 使用权限来加强系统的安全性，权限可以分为 3 种类型：对象权限、语句权限和隐含权限。

1．对象权限

对象权限是用于控制用户对数据库对象执行某些操作的权限。数据库对象通常包括表、视图、存储过程。对象权限是针对数据库对象设置的，它由数据库对象所有者授予、禁止或撤销。对象权限适用的数据库对象和 Transact-SQL 语句，如表 7.2 所示。

表 7.2　　　　　　　　　　　　　对象权限适用的对象和语句

Transact-SQL	数据库对象
select（查询）	表、视图、表和视图中的列
update（修改）	表、视图、表的列
insert（插入）	表、视图
delete（删除）	表、视图
execute（调用过程）	存储过程
dri（声明参照完整性）	表、表中的列

2．语句权限

语句权限是用于控制数据库操作或创建数据库中的对象操作的权限。语句权限用于语句本身，它只能由 sa 或 dbo 授予、禁止或撤销。语句权限的授予对象一般为数据库角色或数据库用户。语句权限适用的 Transact-SQL 语句和功能，如表 7.3 所示。

表 7.3　　　　　　　　　　　　语句权限适用的语句和权限说明

Transact-SQL 语句	权 限 说 明
create database	创建数据库，只能由 sa 授予 SQL 服务器用户或角色
create default	创建默认
create procedure	创建存储过程
create rule	创建规则
create table	创建表
create view	创建视图
backup database	备份数据库
backup log	备份日志文件

3．隐含权限

隐含权限指系统预定义而不需要授权就有的权限，包括固定服务器角色成员、固定数据库角色成员、数据库所有者（dbo）和数据库对象所有者（dboo）所拥有的权限。

例如，sysadmin 固定服务器角色成员可以在服务器范围内做任何操作，dbo 可以对数据库做任何操作，dboo 可以对其拥有的数据库对象做任何操作，对它不需要明确的赋予权限。

注意：数据库权限是累积的，并且是拒绝优先的。只要在一个账户上权限为拒绝，它是不能被角色成员身份覆盖的。

7.8.2　权限的管理

在上面介绍的 3 种权限中，隐含权限是由系统预定义的，这类权限是不需要、也不能够进行设置的。因此，权限的设置实际上就是指对象权限和语句权限的设置。

1．对象权限管理

对象权限的管理可以通过两种方法实现：一种是通过对象管理它的用户及操作权限，另一种是通过用户管理对应的数据库对象及操作权限。具体使用哪种方法要视管理的方便性来决定。

（1）通过对象授予、撤销或禁止对象权限

如果一次要为多个用户（角色）授予、撤销或禁止对某一个数据库对象的权限时，应采用通过对象的方法实现。在 SQL Server 的企业管理器中，实现对象权限管理的操作步骤如下。

① 展开企业管理器窗口，打开"数据库"文件夹，展开要操作的数据库（如 gerenlicai），右击指定的对象（如收支明细表）。

② 在弹出的菜单中，选择"所有任务"，在弹出的子菜单中选择"管理权限"命令，此时会出现一个对象权限对话框，如图 7.47 所示。

③ 对话框的上部有两个单选框，可以根据需要选择一个。一般选择"列出全部用户"→"用户定义的数据库角色/public"。

④ 对话框的下面是有关数据库用户和角色所对应的权限表。这些权限均以复选框的形式表示。在表中可以对各用户或角色的各种对象操作权限（select、insert、update、delete、exec 和 dri）进行授予、禁止或撤销，单击复选框可改变其状态。

⑤ 完成后单击"确定"按钮。

（2）通过用户或角色授予、撤销或禁止对象权限

如果要为一个用户或角色同时授予、撤销或者禁止多个数据库对象的使用权限，则可以通过用户或角色的方法进行。例如，要对"gerenlicai"数据库中的"数据录入"角色进行授权操作，在企业管理器中，通过用户或角色授权的操作步骤如下。

① 扩展开 SQL Server 服务器和"数据库"文件夹，单击数据库"gerenlicai"，单击"用户"或"角色"。在窗口中找到要选择的用户或角色，右击该角色，在弹出菜单中选择"属性"命令后，出现如图 7.48 所示"数据库角色属性"对话框。

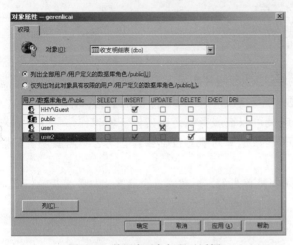

图 7.47　数据库对象权限对话框

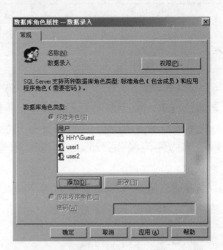

图 7.48　数据库角色权限属性对话框

② 在数据库角色属性对话框中，单击"权限"按钮，会出现如图 7.49 所示的"数据库角色权限属性"对话框。

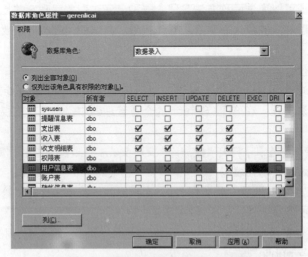

图 7.49　数据库角色权限属性对话框

③ 在对话框的权限列表中，对每个对象进行授予、撤销或禁止权限操作。在权限表中，权限 select、insert、update 等安排在列中，每个对象的操作权用一行表示。在相应的复选

框上，如果为"√"则为授权，为"×"则为禁止权限，如果为空白则为撤销权限。单击复选框可改变其状态。

④ 完成后，单击"确定"按钮。返回数据库角色属性对话框后，再单击"确定"按钮。

2．语句权限的管理

SQL Server 的企业管理器中还提供了管理语句权限的方法，其操作的具体步骤如下。

① 展开 SQL 服务器和"数据库"文件夹，右击要操作的数据库文件夹，如"gerenlicai"数据库，并在弹出菜单中选择"属性"命令，会出现数据库属性对话框。

② 在数据库属性对话框中，选择"权限"选项卡，出现数据库用户及角色的语句权限对话框，如图 7.50 所示。

图 7.50 数据库用户和角色的语句权限对话框

在对话框的列表栏中，单击表中的各复选框可分别对各用户或角色授予、撤销或禁止数据库的语句操作权限。复选框内的"√"表示授予权限，"×"表示禁止权限，空白表示撤销权限。

③ 完成后单击"确定"按钮。

第四部分 基本训练

一、填空题

1. SQL Server 2000 为用户提供了两种登录认证模式：_____和_____。

2. 使用_____身份验证方式登录 SQL Server 时，不需输入登录名和密码。

3. 访问 SQL Server 数据库对象时，需要经过身份验证和_____两个阶段，其中，身份验证分为 Windows 验证模式和_____验证模式。

4. SQL Server 2000 中，其权限分为 3 类，即_____权限、_____权限和_____权限。

5. 属于语句权限范畴的语句包括：_____、_____、_____、_____等。

6. 属于对象权限范畴的语句包括：_____、_____、_____等。

7. 安装 SQL Server 2000 后,系统会自动创建一些固定的服务器角色,如_____、_____、_____等。

8. 安装 SQL Server 2000 后, 系统会自动创建一些固定的数据库角色, 如_____、_____等。

二、操作题

设置用户 tuser 具有对表 student 进行更新、删除权限,对表 course 有 select 权限,而且要求该用户有创建表和存储过程的权限。

三、简答题

1. 什么是数据库的安全性?

2. 数据库安全性和计算机系统的安全性有什么关系?

3. 用户权限的种类有哪些? 各自的作用有哪些?

任务八 备份还原

学习情境

备份的目的就是在需要的时候进行还原。当然，我们更希望永远不出现异常的情况，数据库的数据一直都处于正确、正常的状态。在许多环境中，执行备份与还原操作是一项不得不完成的任务——就像是一种保险单，支付了巨额保险费，但是希望永远不需要使用这份保险单。备份的最终目标就是数据保护。公司范围内真正的数据保护并不只是在数据中心或服务器上才能实现，也不只是网络管理员或系统管理员的责任，一个可靠的数据保护计划会涉及公司各个层次的人员。然而不幸的是，备份和还原数据通常是容易被许多数据库和系统管理员忽视的领域。由于时间和资源的限制，使得这些极其重要的功能处于次要地位，排在需要"立即"处理的问题（如监视性能和日常系统管理）之后。通常是直到重要的数据丢失之后，系统管理员和领导层才意识到他们没有进行足够的备份。据统计，有很大一部分丢失了重要数据的企业未能重新开业。虽然很难对损失进行计算和量化，但几乎所有的企业领导者都会发现，与数据丢失可能造成的巨大损失相比，在数据保护计划上的投资是微不足道的。

再比如，一个网络游戏软件，每个人都以自己的账户和密码登录。在玩游戏过程中通过积累积分让自己不断升级，提升自己账户的价值，有些人已经以此作为谋生的手段。如果一个黑客攻击了这个游戏软件，从一个或多个账户中盗取积分，而且为了避免引起管理员的注意，黑客采用持续性的、少量的盗取积分，以此牟利。当管理员发现异常情况的出现时，就必须对数据库中的数据进行分析。如果只是查看数据库当前的数据，很难分析出数据的变化情况，所以必须通过前期的多个备份文件还原，对一段时间内的数据进行分析，从而发现黑客操作的过程，再采取相应的措施。

随着信息技术的不断发展，各个领域的数据出现爆炸式增长，人们都深刻体会到数据的重要性。数据存储在数据库中，为了避免异常情况的出现导致数据丢失，备份是一个很重要的环节。在备份的时候，可以用最新的备份文件覆盖之前的备份文件，最终只保留一个最新的备份；也可以保留每一个周期的备份，在还原的时候可以选择不同时段的备份文件进行还原，而不是只选择最新的备份文件还原。所以，备份和还原的功能除了人们了解的一些日常的功能外，在其他领域，作用也是不容忽视的。当一个数据库中的数据出现持续性错误，管理员在对数据进行分析的时候，必须使用备份文件还原，对之前的数据进行分析，才能得出结论。

第一部分 基 本 知 识

8.1 备份的意义

信息技术的发展离不开数据库技术的不断发展，从 dbase、Foxbase、Foxpro、Access，到 Microsoft SQL Server，数据库的规模越来越大，其功能也越来越强大。现在，许多公司的大部分数据都存储在关系数据库系统中。虽然在大多数公司中使用的数据库具有多种不同的类型，但是对类型的选择通常是在经过深思熟虑后作出的。

Microsoft 向这个迅猛发展的市场推出的产品是 SQL Server，从笔记本电脑到强大的数据中心（Data Center），SQL Server 平台支持多种环境，而从成本上讲，它比与之竞争的平台要低得多。Microsoft SQL Server 的强大功能还表现在其能保证数据的完整性和一致性。因此，Microsoft SQL Server 在许多单位得以应用，然而其数据库系统产生各种故障的可能性始终存在，更要求我们合理备份数据库中的数据。计算机系统有许多种故障类型，诸如：

① 机械损坏，计算机的各种部件（包括磁盘）都存在物理的、机械的故障可能性；

② 电源故障，指一般的 UPS 无法保护的异常电源故障；

③ 自然灾害，地震、水灾、火灾或其他原因造成的严重故障；

④ 错误使用，客户应用程序及服务程序使用中的中途故障；

⑤ 恶意破坏，在一个系统中也不排除一些恶意破坏者；其他还有多种形式，但大多数是以上几种形式的变体。

假如没有数据备份，一旦产生故障，那就不可能恢复丢失的数据。如果是这样的话，不得不返回物理文件重新输入所有数据。试想一下，输入以前那些信息曾花费了多少个日夜，并且在重新输入旧数据时，新数据还在不断地到来，所以为服务器配置一个有效的备份设备，与潜在的不可恢复的商业信息及人们的宝贵时间相比，这些都显得微不足道。

8.2 备份和还原的方法

在 SQL Server 数据库中，有无数种备份数据库的方法。无论你的数据库有多大、改变是否频繁，都有满足你的要求的备份策略。管理员就可以规划备份过程来维护满足还原要求的备份集。管理员可以选择在运行时对系统的影响最小，同时又能满足还原要求的备份过程，管理员还根据资源要求选择数据库的恢复模式。

8.2.1 数据库备份方法

1．完整数据库备份

完整数据库备份是数据库的完整复本。完整数据库备份包括完整的数据库信息，它包括数据库的数据文件和备份结尾的部分活动事务日志。完整备份基本语法如下：

```
BACKUP DATABASE 数据库 TO DISK = '路径'
```

2．差异性数据库备份

差异备份仅复制自上一次完整数据库备份之后修改过的数据库页。差异备份和完整备份的语法很相似，唯一不同的是加上了 DIFFERENTIAL 选项，其语法格式如下：

```
BACKUP DATABASE 数据库 TO DISK = '路径' WITH DIFFERENTIAL
```

3．事务日志备份

事务日志备份的内容是从还未被备份的事务日志开始，直到备份结尾的最后一个事务日志为止。需要注意的是执行事务日志的前提是数据库恢复模型必须是完整恢复模型或是批量日志恢复模型。事务日志备份的语法和完整备份相似，唯一不同的是第二个关键字，把 database 换成 log，如下：

```
BACKUP LOG 数据库 TO DISK = '路径'
```

4. 文件或文件组备份

备份某个数据库文件或文件组，必须与事务日志备份结合才有意义。例如，某个数据库中有两个数据文件，一次仅备份一个文件，而且在每个数据文件备份后，都要进行日志备份。在恢复时，使用事务日志使所有的数据文件恢复到同一个时间点。

那么在实际应用中应该选择哪种备份类型？答案取决于可以接受的丢失数据量的多少，取决于日常数据库的备份操作，取决于数据库从灾难中恢复过来的时间。假如环境允许丢失 5min 的数据，那么你必须每 5min 执行一次某种备份。对于上述的几种备份来说，每 5min 执行一次完整备份的规则显得过于频繁且影响其他用户的操作。对于差异备份来说，如果一次完整备份后，数据库又进行了大量的修改，那么差异备份同样不适合。所以，上述情况用事务日志备份应该是最合适的，因为它仅备份从最后一次事务日志备份后所产生的新事务。

然而，从事务日志恢复数据库时，还需要还原所有相关的备份，包括从起始的数据库备份点到最后一个事务日志。假如还原点是很久以前的时间点，那么要还原的事务日志也许会很多很多。可以使用差异备份来提前事务日志备份的起始还原点。但是，对于一个行动的数据来说，差异备份会比事务日志备份占用更长的时间，影响更多的数据库操作和消耗更多的磁盘空间。

考虑使用哪种备份方案时，可以参考下面这几点。

① 能接受丢失多少数据？

② 备份会影响数据库日常操作吗？

③ 是否有一个高可用的维护计划来执行备份操作？

④ 能接受的恢复时间是多少？

⑤ 是否需要具有恢复某一时间点的功能？这种情况下，事务日志备份是必须的。

⑥ 是否有足够的存储空间来保存备份文件？

在通常情况下，建议每周进行一次全库备份，每天进行一次差异备份，每小时一次日志备份，这样最多只丢失 1h 的数据。

8.2.2 故障还原模型

在实际情况中，应该选择使用哪种恢复模型呢？答案在于能承受丢失多少数据，恢复模式将针对完全恢复数据的重要程度来平衡记录开销。图 8.1 所示为一个数据库分别在上午 9 点和 11 点进行的一次全库备份。

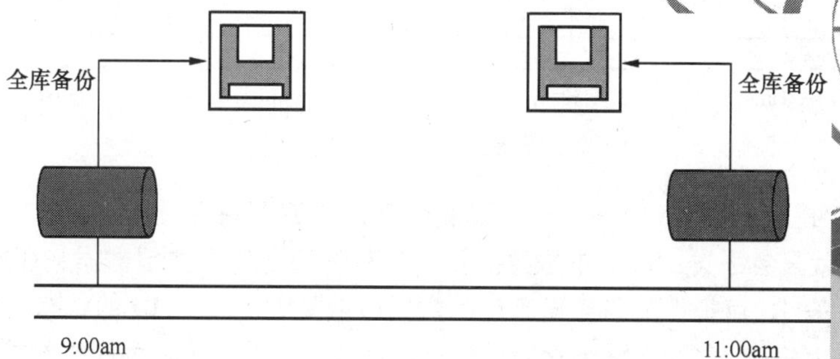

图 8.1　全库备份

1. 简单模型

假设硬件在上午 10:45 时坏了。如果数据库使用的是简单模型的话，那将要丢失 105min 的数据。因为可以恢复的最近的时间点是上午 9 点，上午 9 点之后的数据将全部丢失。当然也可以使用差异备份来分段运行，如图 8.2 所示。

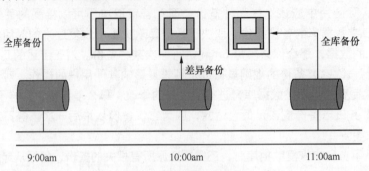

图 8.2　简单模型恢复

使用差异性备份的话，发生上述情况时就只会丢失 45min 的数据。现在，假设用户在上午 9:50 删除了一张很重要的表，你能恢复删除点之前的数据吗？答案当然是 No。因为差异性备份仅仅包含数据页的修改，它不能用于恢复一个指定的时间点。你不得不把数据库恢复到上午 9 点的状态，然后重做后面 49min 的事情。

自上次备份后所做的所有数据更改都是可替代的，或是可重做的。记录开销最小，但不能恢复自上次备份结束后的内容。可以使用下面 SQL 语句：

```
ALTER DATABASE 数据库 SET RECOVERY SIMPLE
```

2. 完全模型

假如在上午 9 点和 11 点之间没有进行事务日志的备份，那么你将面临和使用简单恢复模型一样的情况。另外，事务日志文件会很大，因为 SQL Server 不会删除已经提交和已经 Checkpoint 的事务，直到它们被备份。假设每 30min 备份一次事务日志，如图 8.3 所示。

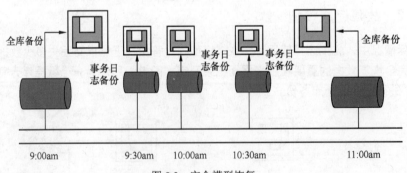

图 8.3　完全模型恢复

假如硬件在上午 10:45 时坏了，可以使用 9 点的完整备份及直到上午 10:30 的事务日志来恢复，那就只会丢失 15min 的数据。假如上午 9:50 删除了重要数据怎么办呢？没关系，可以使用在上午 10 点备份的事务日志，把数据库恢复到上午 9:49 的状态。因为你恢复时无法直接跳过上午 9:50 那次误删除的操作日志而恢复上午 9:50 之后的数据，所以你还必须重做误删除之后的操作。不过，这已经是不错的选择了。

数据非常重要并且必须能够恢复到故障点，记录所有的数据修改，可使用 SQL Server 的所有恢复选项。可以使用下面 SQL 语句：

```
ALTER DATABASE 数据库 SET RECOVERY FULL
```

3. 大容量日志记录模型

批量日志恢复模型被定义成一种最小化事务日志的完整恢复模型。例如 select into 就是一种最小化事务日志。假设这种事务发生在 9:40，如图 8.4 所示。

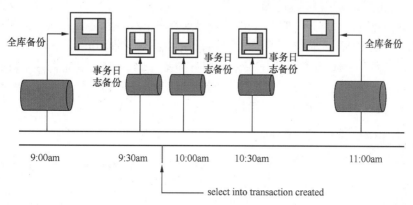

图 8.4　大容量日志记录模型恢复

这个事务将被最小化地记录下来，这就意味着 SQL Server 仅仅记录由于这个事务而产生的数据页的变化，它不记录每一条插入到数据表中的数据。假如上午 9:50 时一个重要的表数据被删除了，那意味着什么呢？意味着不能把数据库再恢复到上午 9:49 的状态了，因为事务日志在上午 10 点时被备份并且不能恢复到一个指定的时间点上。只能把数据库恢复到上午 9:30 的状态。要记住，无论在什么时候，只要事务日志备份包含一个或多个最小化日志事务，那就不能再把备份还原到一个指定的时间点了。

如有必要，可重播某些大容量操作（大容量复制操作、select into、文本处理），因此不完全记录这些操作，只能恢复到上一次数据库或日志备份的末尾。可以使用下面 SQL 语句：

```
ALTER DATABASE 数据库 SET RECOVERY BULK_LOGGED
```

在开始备份一个 SQL Server 数据库之前，首先需要知道该数据库使用了哪个恢复模型。full 恢复模型提供了最大的恢复灵活性。新数据库默认使用的就是这种恢复模型。利用这种模型，可以恢复数据库的一部分或者完全恢复。假设交易记录（transactions log）还没有被破坏，还可以在失败之前恢复出最后一次的已提交（committed）交易。在所有的恢复模型中，这种模型使用了最多的交易记录空间，并轻微影响了 SQL Server 的性能。bulk_logged 恢复模型比 full 模型少了一些恢复选项，但是进行批操作（bulk operation）时它不会严重影响性能。在进行某些批操作时，由于它只需记录操作的结果，因此它使用了较少的记录空间。然而，这种模型不能恢复数据库中的特定标记，也不能仅仅恢复数据库的一部分。simple 恢复模型是这 3 种模型中最容易实施的，它所占用的存储空间也最小。然而，只能恢复出备份结束时刻的数据库。

为了改变数据库的恢复选项，运行下面的命令：

```
ALTER DATABASE database name SET RECOVERY {FULL | SIMPLE | BULK_LOGGED}
```

第二部分 基本技能

8.3 3种方式实现数据库的备份

1. 使用备份向导备份数据库

① 在企业管理器中展开"服务器组",然后展开一个服务器。

② 展开"数据库"文件夹,然后单击要备份的数据库,如 gerenlicai。

③ 从"工具"中选择"向导"命令,以打开如图 8.5 所示的"选择向导"对话框。

④ 选择"备份向导"选项,出现"欢迎使用创建数据库备份向导"画面,然后单击"下一步"按钮,出现如图 8.6 所示的对话框。

图 8.5 "选择向导"对话框

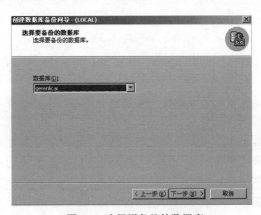

图 8.6 选择要备份的数据库

⑤ 选择要备份的数据库 gerenlicai,单击"下一步"按钮,出现"键入备份的名称和描述"对话框,在该对话框中输入备份的名称和描述信息,然后单击"下一步"按钮,出现如图 8.7 所示的对话框。

⑥ 选择下列备份方法之一。

a. "数据库备份":对整个数据库的数据进行备份。

b. "差异数据库":对新的或更改的数据进行备份。

c. "事务日志":对数据库的所有更改的命令进行备份。

选择一种备份方法后,单击"下一步"按钮,出现如图 8.8 所示的对话框。

⑦ 选择备份的目的和操作。"选择备份设备"选项为"文件"方式,其中文件名和路径自定义,如果要将此次备份追加到原有备份数据的后面,可以选择"属性"选项中的"追加

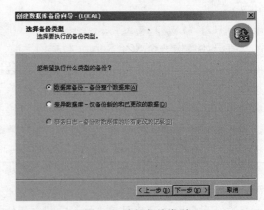

图 8.7 选择备份类型

到备份媒体"选项，如果要用此次备份的数据覆盖原有备份数据，可以选择"重写备份媒体"选项。单击"下一步"按钮，出现如图 8.9 所示的对话框。

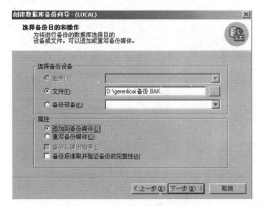

图 8.8 选择备份的目的和操作

图 8.9 备份验证和调度

⑧ 单击"更改"按钮，确定备份的计划，然后单击"下一步"按钮，出现备份向导的"完成"对话框，在此对话框中显示刚才所设置的各属性，如图 8.10 所示。

⑨ 单击"完成"按钮，则出现备份成功的对话框，此时，用向导完成了数据库的备份，并在相应的文件夹内产生了一个.BAK 备份文件，如图 8.11 所示。

2. 使用企业管理器备份数据库

① 在企业管理器中展开服务器组，然后展开一个服务器。

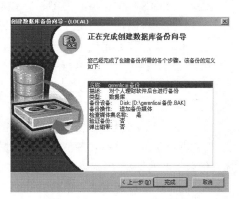

图 8.10 完成创建数据库备份向导

图 8.11 备份文件保存的路径

② 展开"数据库"文件夹，单击要备份的数据库，然后选择"操作"→所有任务→"备份数据库"命令，如图 8.12 所示。

③ 当出现如图 8.13 所示的"SQL Server 备份"对话框时，在"名称"框输入数据库备份集的名称。如果需要，也可以在"描述"框中输入一些说明文字，描述数据库备份集。

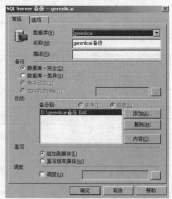

图 8.12　选择备份数据库的选单命令　　　　图 8.13　"SQL Server 备份"对话框

需要说明的是，如果在图 8.13 中看到"事物日志"和"文件和文件组"两个选项被禁用，可以通过右击数据库，单击"属性"，然后单击"选项"选项卡，将"故障还原模型"框改为"完全"，就可以使上述两个选项转为有效。

④ 在"备份"区域选择备份的方法。

a. "数据库－完全"：执行全库备份。

b. "数据库－差异"：执行差异数据库备份。

c. "事务日志"：备份事务日志。

d. "文件和文件组"：备份数据库中的某个文件或文件组。

⑤ 指定备份的目的。在"目的"区域中单击"添加"按钮，并在如图 8.14 所示的"选择备份目的"对话框中指定一个备份文件或备份设备。

⑥ 在"重写"区域选择备份方式。

a. "追加到媒体"：将此次备份追加到原有备份数据的后面。

b. "重写现有媒体"：将此次备份的数据覆盖原有备份数据。

⑦ 在"调度"区域制定备份日程。如果希望按照一定周期对数据库进行备份，可以选取"调度"复选框，然后单击按钮并在如图 8.15 所示的"编辑调度"对话框中安排备份数据库的执行时间。

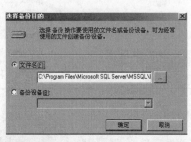

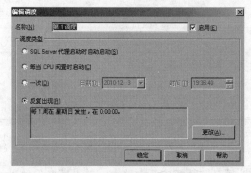

图 8.14　"选择备份目的"对话框　　　　图 8.15　"编辑调度"对话框

⑧ 返回到"数据库备份"对话框以后，单击"确定"按钮，开始执行备份操作，此时出现相应的提示信息。

⑨ 当看到"备份操作已顺利完成"的提示信息时，单击"确定"按钮，结束备份操作。

3. 使用 Transact-SQL 语句备份数据库

① 用系统存储过程 sp_addumpdevice 创建一个备份设备。其语法格式为：

```
[EXECUTE] sp_addumpdevice '设备类型','逻辑名称','物理名称'
```

a. 设备类型参数：指定备份设备的类型，备份设备即用来存放备份数据的物理设备，包括磁盘、磁带和命名管道，分别用'disk'、'pipe'、'tape'表示。

b. 逻辑名称参数：物理名称的别名，存储在 SQL Server 的系统表 sysdevices 中，使用逻辑名称的好处是比物理名称简单。

c. 物理名称参数：计算机操作系统所能识别的该设备所使用的名字，如果是一个磁盘设备，则物理名称是备份设备存储在本地或网络上的物理名称。

【例题 8.1】 在本地硬盘上创建一个备份设备，其逻辑名称为"databackup"，物理名称为"D:\databackup\data.bak"。相应的语句为：

```
EXECUTE sp_addumpdevice 'disk','databackup','D:\databackup\data.bak'
```

② 用 backup 语句执行备份操作。

a. 全库备份。制作数据库中所有内容的一个副本，从一个全库备份中就可以恢复整个数据库。其语法格式为：

```
BACKUP DATABASE 数据库名 TO 备份设备名 [WITH [NAME='备份的名称'][,INIT|NOINIT]]
```

在上述语法格式中，备份设备名采用"备份设备类型 = 设备名称"的形式；init 参数表示新备份的数据覆盖当前备份设备上的每一项内容；noinit 参数表示新备份的数据添加到备份设备上已有内容的后面。

b. 差异备份。从最近一次全库备份结束以来所有改变的数据备份到数据库。其语法格式为：

```
BACKUP DATABASE 数据库名 TO 备份设备名[WITH DIFFERENTIAL [,NAME='备份的名称'][,INIT|NOINIT]]
```

在上述语法格式中，differential 子句的作用是通过它可以指定只对在创建最新的数据库备份后数据库中发生变化的部分进行备份。

c. 日志备份。从最近一次日志备份以来所有事务日志备份到备份设备。其语法格式为：

```
BACKUP LOG 数据库名 TO 备份设备名[WITH [NAME='备份的名称']][,INIT|NOINIT]]
```

d. 文件与文件组备份。当一个数据为很大时，对整个数据库进行备份可能花费很多时间，这时可以采用文件和文件组备份方式。其语法格式为：

```
BACKUP DATABASE 数据库名 FILE='文件的逻辑名称'| FILEGROUP='文件组的逻辑名称'TO 备份设备名[WITH [NAME='备份的名称'][,INIT|NOINIT]]
```

在上述语法格式中，如果备份的是文件，则写做"FILE='文件的逻辑名称'"的方式；如果备份的是文件组，则写做"FILEGROUP='文件组的逻辑名称'"的方式。

【例题8.2】 对 gerenlicai 数据库进行全库备份，备份设备为例题8.1创建的 databackup 本地磁盘设备。

```
BACKUP DATABASE gerenlicai to DISK=' databackup' WITH INIT, NAME='gerenlicai backup'
```

【例题8.3】 对 gerenlicai 数据库进行差异备份，备份设备为例题8.1创建的 databackup 本地磁盘设备。

```
BACKUP DATABASE gerenlicai to DISK=' databackup' WITH DIFFERENTIAL, NOINIT, NAME='gerenlicai backup'
```

【例题8.4】 对 gerenlicai 数据库进行日志备份，备份设备为例题8.1创建的 databackup

本地磁盘设备。

```
BACKUP LOG gerenlicai to DISK=' databackup' WITH NOINIT, NAME='gerenlicai backup'
```

【例题 8.5】 将 gerenlicai 数据库的 gerenlicai_data 文件备份到本地磁盘设备 filebackup。

```
BACKUP DATABASE gerenlicai FILE=' gerenlicai_data' TO DISK=' filebackup'
```

8.4　两种方式实现数据库的还原

1. 使用企业管理器还原数据库

① 在企业管理器中展开服务器组，然后展开一个服务器。

② 右击"数据库"，在弹出的快捷选单中选择"所有任务"选项，再选择"还原数据库"选项，打开如图 8.16 所示的对话框。

③ 在"还原数据库"下拉列表中选择要还原的目标数据库，该数据库可以是不同于备份数据库的另外一个数据库。可以从下拉列表中选择一个已有的数据库，也可以输入一个新的数据库名称，SQL Server 将自动新建一个数据库，并将数据库备份还原到新建的数据库中。

④ 选择一种还原的方式，可以是"数据库"、"文件组或文件"、"从设备"方式。选择第一种方式，能够很方便地还原数据库，但这

图 8.16　"还原数据库"对话框

种方式要求要还原的设备必须在 msdb 数据库中保存了设备历史记录，在其他服务器上创建的备份在 msdb 数据库中没有记录，则此时将一个服务器上制作的数据库备份还原到另一个服务器上时，不能使用数据库的还原方式，而只能使用备份设备还原。

⑤ 选择"数据库"方式，在"参数"栏的"显示数据库备份"下拉列表框中选择要还

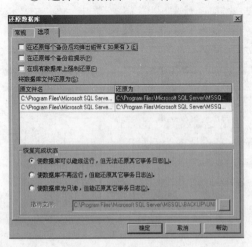

图 8.17　设置还原选项

原的数据库备份。在"要还原的第一个备份"下拉列表框中列出了要还原的数据库在 msdb 中记录的所有备份历史，从中选择在某一日期下备份的数据库备份文件。

⑥ 在"常规"选项卡的下部，显示了一个备份列表，列出了每个备份的类型、时间、大小、物理名称等信息。用户可以从中选择要还原的备份。

⑦ 如果上一步选择了日志备份，可以选中"时点还原"复选框，指定还原在某一时间以前的事务日志。

⑧ 在"选项"选项卡设置还原的选项，如图 8.17 所示。"将数据库文件还原为"选项

列表中给出了要还原的数据库文件的原文件和将要还原成的文件名，在默认状态下，将要还

原成的文件名与原文件同名，用户可以将其改为其他的名字。

⑨ 在"恢复完成状态"选项中选择下列单选按钮之一。

a. 第一个按钮，数据库恢复完成后数据库能继续运行，但无法还原其他事务日志。

b. 第二个按钮，数据库恢复完成后数据库不能再运行，但能还原其他事务日志。

c. 第三个按钮，数据库恢复完成后数据库自动为只读方式，不能对其进行修改，但能还原其他他事务日志。

⑩ 单击"确定"按钮，开始还原操作。

2. 使用 Transact-SQL 语句还原数据库

（1）恢复整个数据库

从全库备份中恢复数据和从差异备份中恢复数据都使用当前这种方式，语法格式为：

```
RESTORE DATABASE 数据库名 FROM 备份设备名 [WITH[FILE=n][,NORECOVERY| RECOVERY][,REPLACE]]
```

① FILE = n：指出从设备上的第几个备份中恢复。

② RECOVERY：指定在数据库恢复完成后 SQL Server 回滚被恢复的数据库中所有未完成的事务，以保持数据库的一致性。在恢复后，用户就可以访问数据库了。

③ NORECOVERY：SQL Server 不回滚所有未完成的事务，在恢复结束后，用户不能访问数据库。

④ REPLACE：指明 SQL Server 创建一个新的数据库，并将备份恢复到这个新的数据库中，如果服务器上已经存在一个同名的数据库，则原来的数据库被删除。

（2）恢复事务日志

恢复事务日志语法格式为：

```
RESTORE LOG 数据库名 FROM 备份设备名 [WITH[FILE=n][,NORECOVERY| RECOVERY]]
```

（3）恢复部分数据库

从整个数据库的备份中指定只恢复某几个文件，语法格式为：

```
RESTORE DATABASE 数据库名 FILE=文件名|FILEGROUP=文件组名 FROM 备份设备名 [WITH PARTIAL [,FILE=n][,NORECOVERY][,REPLACE]]
```

① PARTIAL：表示此次恢复只恢复数据库的一部分。

② FILE = 文件名|FILEGROUP = 文件组名：指定要恢复的数据库文件或文件组。

【例题 8.6】 根据以上介绍的 3 种备份数据库的方法，选择其中的 1 种，对 Northwind 数据库进行全库备份，生成下列的备份文件，如图 8.18 所示。其他备份方式可自行练习。

图 8.18 生成备份文件"Northwind 备份"

【例题 8.7】 还原由 backup 备份的数据库。

```
RESTORE DATABASE Northwind FROM DISK = 'D:\Northwind.bak'
```

也可以选择企业管理器的界面操作方式还原备份文件，可采用不同的方式针对备份文件进行还原。

第三部分　自 学 拓 展

8.5　直接复制文件的备份和还原

数据库的备份和还原，除了上述介绍的方法外，还有直接复制拷贝文件的方法。在 SQL Server 中，与一个数据库相对应的数据文件（.mdf）、（.ndf）和日志文件（.ldf）都是 Windows 系统中的普通磁盘文件，用普通的方法直接进行文件复制操作就能够达到备份数据库的目的。不过，复制的数据库文件并不会自动连接到 SQL Server 系统中，还必须通过执行"附加数据库"操作，才能将数据库附加到服务器上。

操作步骤如下。

① 打开 Windows 资源管理器，选取和 SQL Server 数据库相关的文件，在"编辑"选单中选择"复制"命令。

② 在本地硬盘或具有写权限的网络上选择一个目标文件夹，并在"编辑"选单中选择"粘贴"命令，执行文件复制操作，将上一步中所选取的文件复制到目标文件夹中。如果因源文件正在使用而无法复制，可以首先停止 SQL Server 服务，等完成文件复制操作以后再重新启动该服务。

③ 打开企业管理器，选择机器名→数据库，点击右键选择"所有任务"→"附加数据库"，然后再选择刚才拷贝的数据库文件，单击"附加"，成功。

或者可以通过执行系统存储过程 sp_attach_db 对所制作的数据库副本进行还原，也就是将数据库附加到服务器上。系统存储过程 sp_attach_db 的语法格式为：

```
[EXECUTE] sp_attach_db '数据库名称','文件名'[,……16]
```

第四部分　基 本 训 练

一、填空题

1. 备份是为了在数据库遭到破坏时，能够修复，数据库备份的类型有 4 种，分别为：＿＿＿＿、＿＿＿＿、＿＿＿＿和＿＿＿＿。DTS 是指＿＿＿＿＿＿。

2. 在 SQL Server 2000 中，有 4 种备份类型，分别为：＿＿＿＿、＿＿＿＿、＿＿＿＿和＿＿＿＿＿。

3. SQL Server 2000 支持两种类型的备份设备：＿＿＿＿＿＿和＿＿＿＿＿＿。

二、简答题

1. 请阐述进行数据备份时使用的 3 种设备各有什么特点。

2. SQL 中提供了哪几种备份策略？

任务九 数据格式转换

学习情境

由于历史的原因，以前的数据很多都是在存放在文本数据库中，如 Access、Excel、FoxPro。现在系统升级至 SQL Server 数据库服务器后，经常需要访问文本数据库中的数据，所以就会产生数据交换的需求。比如，某公司以前有一个 Access 数据库，文件名为"暴雪.mdb"，现在希望把"暴雪.mdb"中的"游戏销售记录"表导入到 SQL Server 平台的player 数据库中来管理，应如何实现？如果采用人工重新录入大量的数据，将是一件得不偿失的事情。

再比如，开发人员在给客户导入基础资料的时候，遇到了这种情况。他们在使用 SQL Server 数据库之前，采用的是 Access 数据库。在这个数据库中有一个产品基本信息表，包含产品关键字、产品分类等。当需要把这个数据库中的内容导入到 SQL Server 中时，要根据产品分类的不同，给产品编号加入不同的前缀，如产品为成品的，则在产品编号前加入P；如果产品为包装材料的，则在原有的产品编号前加入 B；若产品的类别为零件的，则加入 M 等。此时，开发人员没有对原始的数据源进行更改，而是利用 DTS 服务在把数据导入到 SQL Server 数据库之前，利用相关的函数，如字符型数据合并等函数，进行一些格式的调整。所以，SQL Server 数据转换服务的一个好处，就是在不用更改原始数据源的情况下，就可以规范需要导入的数据格式。这在异构数据源相互导入中，非常有用。

类似的问题，如它在给用户导入库存表的时候，也要进行一些数据转换。当库存数量大于等于 0 的时候，则导入的数值就是原来的库存数量；如果原始数据库库存数量小于 0 的时候，则导入的库存数量就为 0。在导入的过程中，只需要简单地编写一个 ActiveX 脚本来实现这个需求。在这个脚本中，可以利用 IF 等函数来进行数据转换，因为这些函数可以应用到专门的转换或者包含条件逻辑。从而可以把记录根据不同的条件逻辑转换为合适的数据或者格式。

要完成数据转换的需求，在 SQL Server 中是一件非常简单的事情。通常可以用 3 种方式：DTS 工具、BCP 和分布式查询。在导入数据过程中，如果要对一些数据进行格式或者其他方面的转换，建议大家采用 DTS 来转换数据，并导入到数据库中。

第一部分 基 本 知 识

9.1 数据格式转换的原因

当我们建立一个数据库，并且想将分散在各处的不同类型的数据库分类汇总在这个新建的数据库中时，尤其是在进行数据检验、净化和转换时，将会面临很大的挑战。幸好 SQL Server 为我们提供了强大、丰富的数据导入导出功能，并且在导入导出的同时可以对数据进行灵活的处理。应用系统开发过程中经常涉及数据格式转换，用户需将原始数据一次性或定期转换为新的格式，避免重复输入；或将数据输出为其他格式如 Excel、Access 以便更进一步分析。

数据的导入、导出是指将文本文件或外部数据库（Access、FoxPro、Excel 等）的数据转换成 SQL Server 格式或将 SQL Server 数据库转换为其他数据格式的过程。DTS 是 Data Transformation Service 的缩写，是 SQL Server 中导入导出数据的核心，提供将一种数据源转换为另一种数据源的服务。DTS 提供了许多服务，包括数据复制、数据转换和通知状况。大多数机构都有数据的多种存储格式和多个存储位置。为了支持决策制定、改善系统性能或更新现有系统，数据经常必须从一个数据存储位置移动到另一个存储位置，都可由 DTS 来做。DTS 还允许用户定期导入或变换数据，以实现数据转换的自动化。

可以将 DTS 解决方案创建为一个或多个包。每个包都可能包含一组用来定义要执行工作的经过组织的任务、对数据和对象的转换、用来定义任务执行的工作流约束及与数据源和目标的连接。DTS 包还提供了一些服务，如记录包执行详细信息、控制事务和处理全局变量。DTS 提供一组工具，可以从不同的源将数据抽取、转换和合并到一个或多个目标位置。借助于 DTS 工具，可以创建适合于特定需要的自定义移动解决方案。

第二部分 基 本 技 能

9.2 数据的导出

9.2.1 跨平台显示数据（SQL Server→TXT）

在实际应用中，不同的环境会使用不同的操作系统。基于 Windows 操作系统能够安装 SQL Server，对已有系统的数据进行操作。而其他类型的操作系统，比如 Linux、UNIX、MacOS 等，在不安装 SQL Server 的前提下，如何实现对已有系统的数据库数据的操作？我们可以使用每种类型的操作系统都通用的万能的使用工具——txt 文本文件。因此，在操作数据前，需要将 SQL Server 数据库中的数据导出到 txt 文本文件中。

现在计划将 SQL Server 服务器上的 Northwind 数据库中的数据表 Employees 导出到文本文件中。导出前，如果目的文件不存在，需要先创建一个空的文本文件。为了保持一致，将其命名为 Employees.txt。

操作步骤如下。

① 启动数据导入导出工具，出现如图 9.1 所示的向导程序的欢迎画面，在此单击"下一步"按钮。

② 如图 9.2 所示，在"选择数据源"对话框中，选择数据源为"用于 SQL Server 的

图 9.1 "DTS 导入/导出向导"欢迎界面

Microsoft OLE DB 提供程序"，数据库为"Northwind"，然后单击"下一步"按钮。

③ 如图 9.3 所示，"选择目的"对话框中选择目的下拉框为"文本文件"，并单击文件名旁边的省略号按钮，选择刚才建立的空文本文件 Employees.txt，然后单击"下一步"按钮。

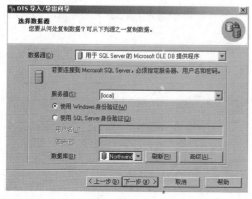
图 9.2　选择数据源

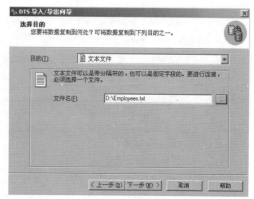
图 9.3　选择目的

④ 如图 9.4 所示，选择整个表或部分数据进行复制。选第一项，单击"下一步"按钮。

a. "从源数据库复制表和视图"：把选定数据库中的源表或视图复制到目标文件中。

b. "用一条查询指定要传输的数据"：用一个查询将指定数据复制到目标文件中。

⑤ 如图 9.5 所示，在"选择目的文件格式"对话框中选择要导出的数据表或视图。

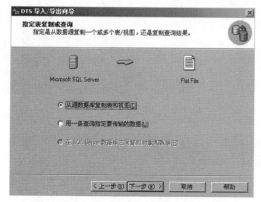
图 9.4　选择整个表或部分数据进行复制

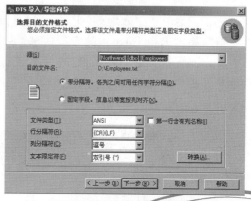
图 9.5　选择目的文件格式

⑥ 转换数据并存储为 DTS 包。当出现如图 9.6 所示的"保存、调度和复制包"对话框时，在"时间"区域中选择"立即执行"复选框，以便在完成数据导出选项设置以后立即执行数据转换操作；在"保存"区域选择"保存 DTS 包"复选框，并选择"SQL Server"选项，以便将 DTS 包保存到 SQL Server 中，以后要重复该操作时，只需要执行 DTS 包即可。单击"下一步"按钮。

⑦ 保存 DTS 包。如图 9.7 所示，"名称"文本框中指定 DTS 包的名称，"描述"文本框中输入

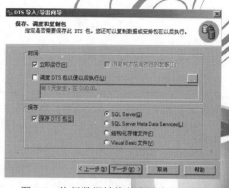
图 9.6　执行数据转换并存储为 DTS 包

对此 DTS 包的说明性文字，还可以设置使用这个 DTS 包时的登录密码及其他选项。单击"下一步"按钮。

⑧ 完成设置。如图 9.8 所示，汇总数据转换所需要的各项参数，单击"完成"按钮。

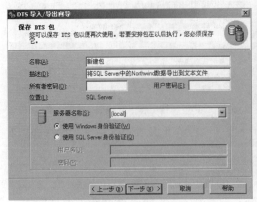

图 9.7　保存 DTS 包　　　　　　　　　　　图 9.8　完成 DTS 包向导

⑨ 当数据转换全部完成以后，单击"确定"按钮，然后单击"完成"按钮，如图 9.9 所示。

在数据导出过程中，还创建了一个 DTS 包，在 SQL Server 企业管理器中展开"数据转换服务"文件夹，然后单击"本地包"节点，便可以在详细信息窗口看到这个 DTS 包的各项信息，如图 9.10 所示。如果要执行数据转换操作，在 SQL Server 企业管理器中右击 DTS 包，然后选择"执行包"命令。

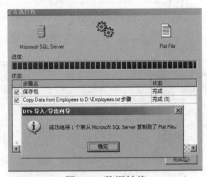

图 9.9　数据转换

图 9.10　导出过程创建的 DTS 包信息

9.2.2　制作报表(SQL Server→Access)

应用系统中的数据在特定的条件下，需要以报表的形式显示或提交，可以将 SQL Server 数据库的数据导出到 Access，并以报表的形式显示或打印。

将 SQL Server 服务器上的 Northwind 数据库中的数据表 Employees 导出到 Access 数据库中。导出前，如果目的文件不存在，需要先创建一个空的 Access 数据库。为了保持一致，将其命名为 Employees.mdb。操作步骤如下。

① 启动数据导入导出工具。进入"选择数据源"对话框，如图 9.11 所示。选择数据源

为"用于 SQL Server 的 Microsoft OLE DB 提供程序",数据库为"Northwind",然后单击"下一步"按钮。

② 在如图 9.12 所示的"选择目的"对话框中选择目的下拉框为"Microsoft Access",并单击文件名旁的省略号按钮,选择刚才在 Access 中建立的空数据库文件 Employees.mdb,然后单击"下一步"按钮。

③ 如图 9.13 所示,在"选择源表和视图"对话框中选择要导出的数据表或视图。

图 9.11 选择数据源

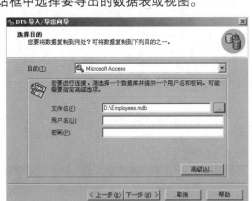

图 9.12 选择目的

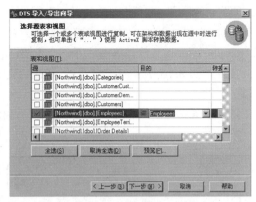

图 9.13 选择源表和视图

④ 其他步骤和导出到文本文件基本一致,可以根据向导提示完成整个操作过程。

⑤ 最后,打开 Employees.mdb 文件查看导出的数据,如图 9.14 所示。

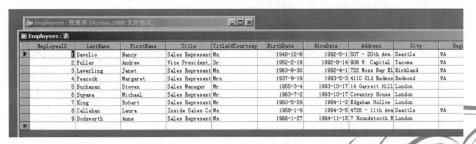

图 9.14 Access 数据库中导出的表数据

根据演示的导出操作过程完成以下任务。

a. 在 gerenlicai 数据库中选择一个表或几个表,导出到 TXT 文本文件中,并查看导出结果。

b. 在 gerenlicai 数据库中选择一个表或几个表,导出到 Access 数据库中,并查看导出结果。

9.3 数据的导入

9.3.1 跨平台录入数据(Access→SQL Server)

Microsoft Access 是一个简单好用的开发工具,即使是没有开发经验的人也可以写出

Access 程序。Access 数据库可能用户群中很流行，但是用户一多，它就只能在适当的性能水准上满足请求。如果更多用户开始使用这个应用，那么 Access 数据库无法进行良好的扩展。而 SQL Server 可以处理数千个用户，因此是多用户环境的理想选择。

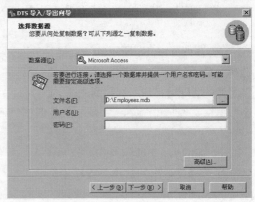

图 9.15　选择数据源

如图 9.14 所示，将 Employees.mdb 数据库的数据导入到 SQL Server 平台中的 test 数据库，test 数据库是一个新建数据库。操作步骤如下。

① 启动数据导入导出工具。进入"选择数据源"对话框，如图 9.15 所示。数据源是"Microsoft Access"，文件名选择要导入的 Employees.mdb 文件，单击"下一步"按钮。

② 如图 9.16 所示，"选择目的"对话框，选择要导入的目的数据库 test，单击"下一步"按钮。

③ 在"选择源表和视图"对话框中，选择要导入的数据源，如图 9.17 所示，单击"下一步"按钮。

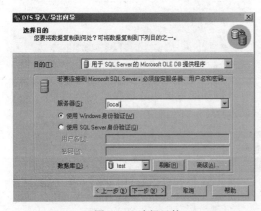

图 9.16　选择目的

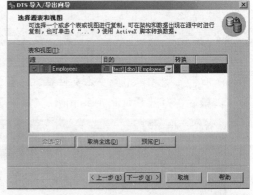

图 9.17　选择源表和视图

④ 其他步骤和导出到文本文件基本一致，可以根据向导提示完成整个操作过程。

⑤ 最后，打开 test 数据库，查看导入的数据，如图 9.18 所示。

EmployeeID	LastName	FirstName	Title	TitleOfCourtesy	BirthDate	HireDate	Address	City
1	Davolio	Nancy	Sales Represent	Ms.	1948-12-8	1992-5-1	507 - 20th Ave.	Seattle
2	Fuller	Andrew	Vice President,	Dr.	1952-2-19	1992-8-14	908 W. Capital	Tacoma
3	Leverling	Janet	Sales Represent	Ms.	1963-8-30	1992-4-1	722 Moss Bay Bl	Kirkland
4	Peacock	Margaret	Sales Represent	Mrs.	1937-9-19	1993-5-3	4110 Old Redmon	Redmond
5	Buchanan	Steven	Sales Manager	Mr.	1955-3-4	1993-10-17	14 Garrett Hill	London
6	Suyama	Michael	Sales Represent	Mr.	1963-7-2	1993-10-17	Coventry House	London
7	King	Robert	Sales Represent	Mr.	1960-5-29	1994-1-2	Edgeham Hollow	London
8	Callahan	Laura	Inside Sales Co	Ms.	1958-1-9	1994-3-5	4726 - 11th Ave	Seattle
9	Dodsworth	Anne	Sales Represent	Ms.	1966-1-27	1994-11-15	7 Houndstooth R	London

图 9.18　test 数据库中导入的数据

9.3.2　多源数据录入(Excel→SQL Server)

Excel 工作簿是我们日常工作中大量用到的桌面电子表格，而 SQL Server 是功能强大的后台数据库管理系统,在 C/S、B/S 体系结构的数据库应用中被广泛使用。面向不同的需求，Excel 电子表格和关系数据库 SQL Server 表之间需要相互转换，能大大提高实际工作效率。

我们经常要将从后台 SQL Server 数据库服务器中查询得到的信息导入到普通工作人员比较熟悉的 Excel 表中进行打印存档，也经常想把日常工作中的各种 Excel 表格中的数据导入到 SQL Server 数据库中进网络共享和查询管理，这样就有必要将这两者进行快速的转换，而这种转换其实也是相当简单的。其操作步骤如下。

① 明确要导入的 Excel 文件 score.xls。

② 启动数据导入导出工具。进入“选择数据源”对话框，如图 9.19 所示。数据源是“Microsoft Excel 97-2000”，文件名选择要导入的 score.xls 文件，单击“下一步”按钮。

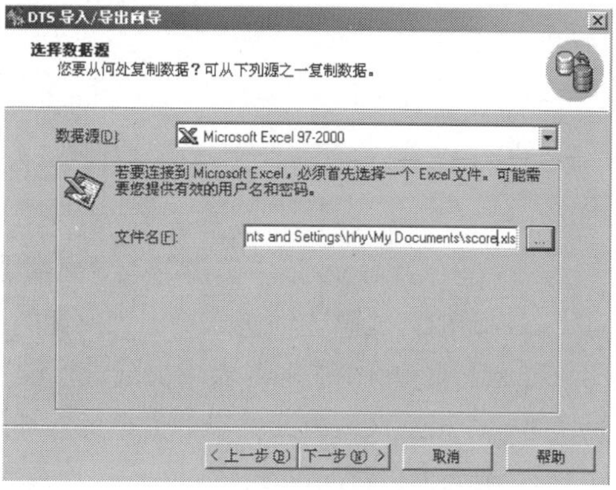

图 9.19 选择数据源

③ 如图 9.20 所示，“选择目的”对话框，选择要导入的目的数据库 test，单击“下一步”按钮。

④ 在“选择源表和视图”对话框中，选择要导入的数据源，如图 9.21 所示，单击“下一步”按钮。

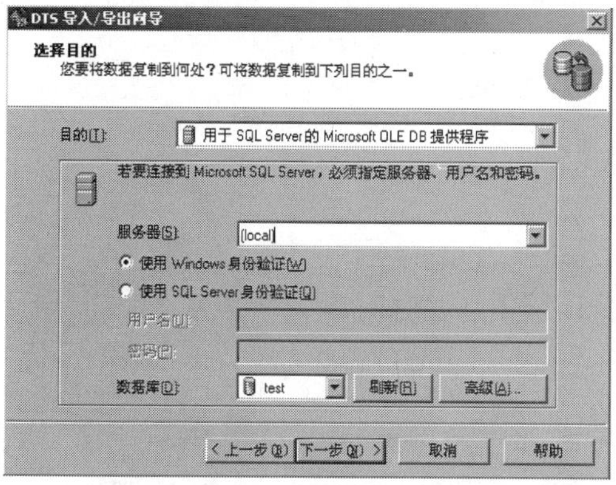

图 9.20 选择目的

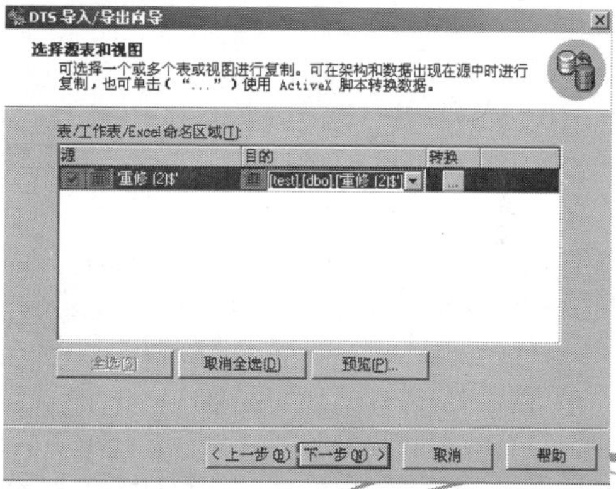

图 9.21 选择源表和视图

⑤ 其他步骤和导出到文本文件基本一致，可以根据向导提示完成整个操作过程。

⑥ 最后，打开 test 数据库，查看导入的数据，如图 9.22 所示。

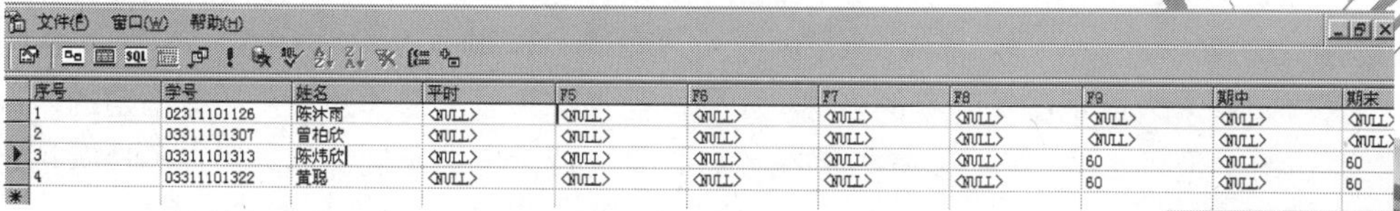

序号	学号	姓名	平时	F5	F6	F7	F8	F9	期中	期末
1	02311101126	陈沐雨	<NULL>	<NULL>	<NULL>	<NULL>	<NULL>	<NULL>	<NULL>	<NULL>
2	03311101307	曾柏欣	<NULL>	<NULL>	<NULL>	<NULL>	<NULL>	<NULL>	<NULL>	<NULL>
3	03311101313	陈炜欣	<NULL>	<NULL>	<NULL>	<NULL>	<NULL>	60	<NULL>	60
4	03311101322	黄聪	<NULL>	<NULL>	<NULL>	<NULL>	<NULL>	60	<NULL>	60

图 9.22 导入 test 数据库的数据

自行创建 test 数据库，根据演示的导入操作过程完成以下任务。

a. 将之前从 gerenlicai 数据库导出至 Access 数据库中的数据，根据导入步骤的介绍，将 Access 数据库中的数据导入到 SQL Server 的 test 数据库中。

　　b. 根据导出的操作步骤，在 gerenlicai 数据库中选择一个表或几个表，导出到 Excel 文件中，再将 Excel 文件的数据导入到 SQL Server 的 test 数据库中。

第三部分　自学拓展

9.4　用 bcp 命令进行批复制

　　bcp 是 SQL Server 中负责导入导出数据的一个命令行工具，它是基于 DB-Library 的，并且能以并行的方式高效地导入导出大批量的数据。bcp 可以将数据库的表或视图直接导出，也能通过 select from 语句对表或视图进行过滤后导出。在导入导出数据时，可以使用默认值或是使用一个格式文件将文件中的数据导入到数据库或将数据库中的数据导出到文件中。

1. bcp 的 4 个动作

① 导入

　　这个动作使用 in 命令完成，后面跟需要导入的文件名。

② 导出

　　这个动作使用 out 命令完成，后面跟需要导出的文件名。

③ 使用 SQL 语句导出

　　这个动作使用 queryout 命令完成，它跟 out 类似，只是数据源不是表或视图名，而是 SQL 语句。

④ 导出格式文件

　　这个动作使用 format 命令完成，后面跟格式文件名。

2. bcp 语法

```
bcp {[[database_name.][owner].]{table_name | view_name} | "query"}
{in | out | queryout | format} data_file
[-m max_errors] [-f format_file] [-e err_file]
[-F first_row] [-L last_row] [-b batch_size]
[-n] [-c] [-w] [-N] [-V (60 | 65 | 70)] [-6]
[-q] [-C code_page] [-t field_term] [-r row_term]
[-i input_file] [-o output_file] [-a packet_size]
[-S server_name[\instance_name]] [-U login_id] [-P password]
[-T] [-v] [-R] [-k] [-E] [-h "hint [,...n]"]
```

（1）参数介绍

　　① database_name：指定的表或视图所在数据库的名称。如果未指定，则为用户默认数据库。

　　② owner：表或视图所有者的名称。如果执行大容量复制操作的用户拥有指定的表或视图，则 owner 是可选的；如果没有指定 owner 并且执行大容量复制操作的用户不拥有指定的表或视图，则 Microsoft SQL Server 2000 将返回错误信息并取消大容量复制操作。

　　③ table_name：将数据复制到 SQL Server 时（in）的目的表名，以及从 SQL Server 复制数据时（out）的源表名。

　　④ view_name：将数据复制到 SQL Server 时（in）的目的视图名，以及从 SQL Server

复制数据时（out）的源视图名。只有其中所有列都引用同一个表的视图才能用作目的视图。

⑤ query：返回一个结果集的 Transact-SQL 查询。如果查询返回多个结果集，如指定 compute 子句的 SELECT 语句，只有第一个结果集将复制到数据文件，随后的结果集被忽略。使用双引号引起查询语句，使用单引号引起查询语句中嵌入的任何内容。在从查询中大容量复制数据时，还必须指定 queryout。

⑥ in | out | queryout | format：指定大容量复制的方向。in 是从文件复制到数据库表或视图，out 是指从数据库表或视图复制到文件。只有从查询中大容量复制数据时，才必须指定 queryout。根据指定的选项（-n、-c、-w、-6 或-N）以及表或视图分隔符，format 将创建一个格式文件。如果使用 format，则还必须指定-f 选项。

⑦ data_file：大容量复制表或视图到磁盘（或者从磁盘复制）时所用数据文件的完整路径。当将数据大容量复制到 SQL Server 时，此数据文件包含将复制到指定表或视图的数据。当从 SQL Server 大容量复制数据时，该数据文件包含从表或视图复制的数据。路径可以有 1~255 个字符。

（2）常用选项介绍

① -f format_file：format_file 表示格式文件名。这个选项依赖于上述的动作，如果使用的是 in 或 out，format_file 表示已经存在的格式文件，如果使用的是 format 则表示是要生成的格式文件。

② -x：这个选项要和-f format_file 配合使用，以便生成 xml 格式的格式文件。

③ -F first_row：指定从被导出表的哪一行导出，或从被导入文件的哪一行导入。

④ -L last_row：指定被导出表要导到哪一行结束，或从被导入文件导数据时，导到哪一行结束。

⑤ -c：使用 char 类型做为存储类型，没有前缀且以"\t"作为字段分割符，以"\n"做为行分割符。

⑥ -w：和-c 类似，只是当使用 Unicode 字符集拷贝数据时使用，且以 nchar 作为存储类型。

⑦ -t field_term：指定字符分割符，默认是"\t"。

⑧ -r row_term：指定行分割符，默认是"\n"。

⑨ -S server_name[\instance_name]：指定要连接的 SQL Server 服务器的实例，如果未指定此选项，bcp 连接本机的 SQL Server 默认实例。如果要连接某台机器上的默认实例，只需要指定机器名即可。

⑩ -U login_id：指定连接 SQL Sever 的用户名。

⑪ -P password：指定连接 SQL Server 的用户名密码。

⑫ -T：指定 bcp 使用信任连接登录 SQL Server。如果未指定-T，必须指定-U 和-P。

⑬ -k：指定空列使用 null 值插入，而不是这列的默认值。

3. 使用 bcp 从 gerenlicai 数据库导出数据

在 MS-DOS 命令下运行如下命令：

```
c:
cd\
bcp gerenlicai..提醒信息表 out 提醒信息表.txt -n -U sa -P 123456
bcp gerenlicai..支出表 out 支出表.txt -n -U sa -P 123456
bcp gerenlicai..收入表 out 收入表.txt -n -U sa -P 123456
```

```
bcp gerenlicai..收支明细表 out 收支明细表.txt -n -U sa -P 123456
bcp gerenlicai..权限表 out 权限表.txt -n -U sa -P 123456
bcp gerenlicai..用户信息表 out 用户信息表.txt -n -U sa -P 123456
bcp gerenlicai..账户表 out 账户表.txt -n -U sa -P 123456
bcp gerenlicai..转账信息表 out 转账信息表.txt -n -U sa -P 123456
```

可以将上述命令以批处理文件（扩展名为.bat）形式保存，以后每次运行时直接运行该批处理文件即可。

4. 使用 bcp 将导出数据导入至 test 数据库

在 MS-DOS 命令下运行如下命令：

```
c:
cd\
bcp test..提醒信息表 in 提醒信息表.txt -n -U sa -P 123456
bcp test..支出表 in 支出表.txt -n -U sa -P 123456
bcp test..收入表 in 收入表.txt -n -U sa -P 123456
bcp test..收支明细表 in 收支明细表.txt -n -U sa -P 123456
bcp test..权限表 in 权限表.txt -n -U sa -P 123456
bcp test..用户信息表 in 用户信息表.txt -n -U sa -P 123456
bcp test..账户表 in 账户表.txt -n -U sa -P 123456
bcp test..转账信息表 in 转账信息表.txt -n -U sa -P 123456
```

同样，可以将上述命令以批处理文件（扩展名为.bat）形式保存，以后每次运行时直接运行该批处理文件即可。

bcp 命令是 SQL Server 提供的一个快捷的数据导入导出工具。使用它不需要启动任何图形管理工具就能以高效的方式导入、导出数据。当然，它也可以通过 xp_cmdshell 在 SQL 语句中执行，通过这种方式可以将其放到客户端程序中（如 delphi、c#等）运行，这也是使客户端程序具有数据导入、导出功能的方法之一。

9.5 用 bulk insert 命令进行数据迁移

在 SQL Server 中，bulk insert 是用来将外部文件以一种特定的格式加载到数据库表的 Transact-SQL 命令。该命令使开发人员能够直接将数据加载到数据库表中，而不需要使用类似于 integration services 这样的外部程序。虽然 bulk insert 不允许包含任何复杂的逻辑或转换，但能够提供与格式化相关的选项，并告诉我们导入是如何实现的。bulk insert 有一个使用限制，就是只能将数据导入 SQL Server。

1. 命令格式

```
BULK INSERT [ [ 'database_name'.][ 'owner' ].]{ 'table_name' FROM 'data_file' }
[ WITH
([ BATCHSIZE [ = batch_size ] ]
 [ [ , ] CHECK_CONSTRAINTS ]
 [ [ , ] CODEPAGE [ = 'ACP' | 'OEM' | 'RAW' | 'code_page' ] ]
 [ [ , ] DATAFILETYPE [ =
    { 'char' | 'native'| 'widechar' | 'widenative' } ] ]
     [ [ , ] FIELDTERMINATOR [ = 'field_terminator' ] ]
      [ [ , ] FIRSTROW [ = first_row ] ]
       [ [ , ] FIRE_TRIGGERS ]
        [ [ , ] FORMATFILE = 'format_file_path' ]
```

```
    [ [ , ] KEEPIDENTITY ]
    [ [ , ] KEEPNULLS ]
    [ [ , ] KILOBYTES_PER_BATCH [ = kilobytes_per_batch ] ]
    [ [ , ] LASTROW [ = last_row ] ]
    [ [ , ] MAXERRORS [ = max_errors ] ]
    [ [ , ] ORDER ( { column [ ASC | DESC ] } [ ,...n ] ) ]
    [ [ , ] ROWS_PER_BATCH [ = rows_per_batch ] ]
    [ [ , ] ROWTERMINATOR [ = 'row_terminator' ] ]
     [ , [ TABLOCK ] ]
 ) ]
```

2. 举例说明

将前面用 bcp 命令所创建的文件插入到 gerenlicai 数据库中的另外一个表中，在查询分析器中运行以下命令：

```
BULK INSERT gerenlicai..shouzhimingxi FROM 'c:\收支明细表.txt'
WITH(
  DATAFILETYPE='char',
  FIELDTERMINATOR='\r',
  KEEPNULLS
)
```

第四部分 基本训练

一、简答题

1. 什么是数据的导入导出?

2. 举例说明 SQL Server 数据格式可以和哪些数据库管理系统或数据格式之间进行数据转换。

二、操作题

1. 使用数据导入导出工具，将 SQL Server 数据库 Northwind 中的数据导出到 Access 数据库中。

2. 创建一个"学生考勤表"的 Excel 电子表格，字段自定义，使用数据导入、导出工具，将 Excel 表格转换为相应的 SQL Server 数据库数据，数据库名称自定义。

第二篇 综 合 训 练

——教务管理系统

任务十 任务描述

1．任务综合描述

随着教学体制的不断改革，尤其是学分制、选课制的展开和深入，教务日常管理工作日趋繁重、复杂。现有教务管理系统在安全性和信息规范化方面存在一定的不足：资料单独建立，共享性差；以管理者为主体，主观取舍信息，不易掌握用户真正的需求。因此，迫切需要研制开发一种综合教务管理软件，使教务工作信息化、模块化、便捷化。

2．任务内容

本教务管理系统主要包括对基本信息进行管理、查询及教学管理、打印成绩单等功能。用户通过身份验证后进入系统，可以对基本信息进行增加、修改、删除及查询；结合各项基本信息可以进行班级选课、课表制定、打印成绩单。本系统从教务管理的实际流程出发，将所有数据处理集成在一起，实现真正数据共享，彻底解决数据安全性问题。将教务管理中诸多烦琐的工作分解到各个模块，从而最大限度地减轻教务管理人员的工作负担，使得教务管理走向无纸化办公和规范化、现代化管理。具体的功能模块见任务十二。

本系统是针对学校的教务管理，主要负责每学期的班级信息、学生信息、教师授课、课程信息，以及课程成绩的录入、修改、删除；学期初，学生可根据课程安排进行选课；学期末，教师根据学生的选课情况进行成绩的录入与统计。在学校内部的现有局域网这个网络环境下，信息由教务处数据库（包括教师成绩录入、学生成绩查询等）、辅导员在规定的权限下对教师、学生信息进行修改、维护其完整性、一致性、现实性和有效性，信息上网后各用户可查询、调用、达到信息共享。教务人员、教师均可根据不同条件进行查看和查询。

3．技术要求

当前任务针对以上存在的问题，实现了教务管理系统的开发。作为一种典型的管理信息系统，主要包括后台数据库和前端应用程序。系统采用 C/S 体系结构，以 SQL Server 为后台进行开发，为了便于掌握不同前台开发工具的学习者进行学习，当前综合训练不限制前台开发语言，可以根据系统设计自行选择并实现相关功能。

任务十一　系统设计

本系统主要分成 4 大模块 9 个功能模块，可以实现以下的管理功能，如图 11.1 所示。

- 基础维护模块：班级信息维护、学生信息维护、课程信息维护。
- 教学管理模块：学生选课、课表查询、成绩录入。
- 系统管理模块：用户管理、修改密码。
- 报表打印模块：打印成绩单。

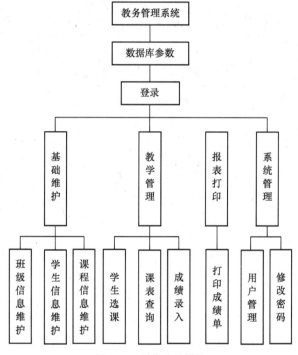

图 11.1　系统功能模块

① 班级信息维护：该功能是实现对全校班级的管理工作，包括班级浏览、班级添加、班级查询等，完成学校的全部班级的管理。

② 学生信息维护：该功能是实现对学生基本信息的管理工作，包括查询学生、添加学生、修改学生信息、删除学生等，从而方便教务处对学校的基本情况的快速查询和了解。

③ 课程信息维护：该功能是实现对课程信息的管理工作，包括教师开设课程、修改课程、删除课程、学生查询课程，从而方便教务处对课程的安排和学生对课程的查询。

④ 学生选课：学生根据自己的爱好选择课程，查询自己已选课课程，如不满意，在一定时间内可以进行修改，或者教师安排学生上必修课等。

⑤ 课表查询：教师或者学生根据教务处安排好的课程表，进行查询上课时间和地点。

⑥ 成绩录入：每次考完试后，教师根据学生的考试分数录入到系统中，教师或者学生可以查询该课程的成绩情况。

⑦ 用户管理：系统管理员根据需要管理用户，添加用户或者修改用户的权限。

⑧ 修改密码：系统管理员或者用户根据需要定期修改密码，确保安全性。

⑨ 打印成绩：教师或者学生根据需要打印某个学生或者某个课程的成绩单。

根据上述系统的功能设计和分析画出流程图，如图 11.2 所示。

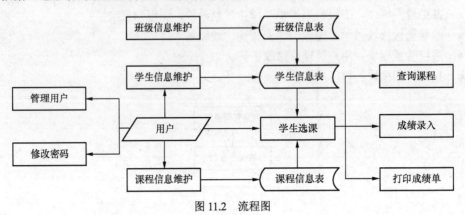

图 11.2　流程图

任务十二　数据库设计

根据需求分析，设计如图 12.1 所示的数据库表结构：

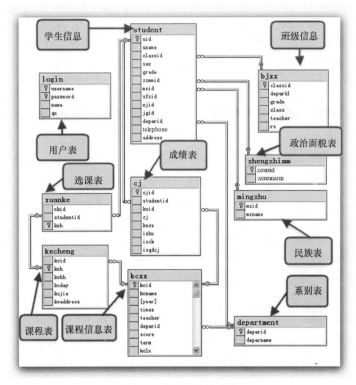

图 12.1　数据库表的结构

数据库表结构的部分 E-R 图如图 12.2 所示。

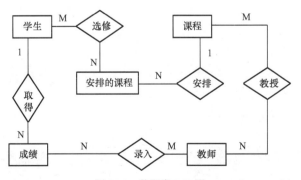

图 12.2　数据库 E-R 图

说明："学生信息表"、"班级信息表"、"课程信息表"是系统关键表，其他各表均通过相应的外键字段与之进行一对一、一对多、多对一的关联。系统共需要 10 张表，用途如表 12.1 所示，表的结构如表 12.2～表 12.11 所示，具体数据可根据需要自行录入。

表 12.1 数据表功能描述

数据表名称	数据表用途
学生信息	保存学生的基本信息
班级信息	保存班级的基本信息
课程信息	保存课程的基本信息
课程表	保存课程的上课时间和地点的信息
选课表	保存学生根据课程表进行选课的信息
成绩表	保存学生的课程成绩
民族表	保存学生的民族信息
政治面貌表	保存学生的政治面貌信息
系别表	保存各系的信息
用户表	保存用户的信息

表 12.2 学生信息表

字 段 名 称	字 段 类 型	字 段 说 明	长 度	是 否 为 空	备 注
sid	varchar	学号	14	No	主键
sname	varchar	姓名	8	Yes	
classid	varchar	班级编号	14	Yes	
sex	varchar	性别	10	Yes	
grade	varchar	年级	10	Yes	
zzmmid	varchar	政治面貌	10	Yes	
mzid	varchar	民族	10	Yes	
sfzid	varchar	身份证	50	Yes	
deparid	varchar	系别	30	Yes	
telephone	varchar	联系电话	15	Yes	
address	varchar	地址	50	Yes	

表 12.3 班级信息表

字 段 名 称	字 段 类 型	字 段 说 明	长 度	是 否 为 空	备 注
classid	varchar	班级编号	14	No	主键
deparid	varchar	系别	30	Yes	
class	varchar	班级名称	30	Yes	
teacher	varchar	班导师	8	Yes	
grade	varchar	年级	4	Yes	
rs	varchar	人数	6	Yes	

表 12.4 民族表

字 段 名 称	字 段 类 型	字 段 说 明	长 度	是 否 为 空	备 注
mzid	varchar	民族号	10	No	主键
mzname	varchar	民族名称	50	Yes	

表 12.5 政治面貌表

字 段 名 称	字 段 类 型	字 段 说 明	长 度	是 否 为 空	备 注
zzmmid	varchar	编号	10	No	主键
zzmmname	varchar	政治面貌	10	Yes	

表 12.6 课程信息表

字 段 名 称	字 段 类 型	字 段 说 明	长 度	是 否 为 空	备 注
kcid	varchar	课程代码	2	No	主键

续表

字 段 名 称	字 段 类 型	字 段 说 明	长 度	是 否 为 空	备 注
kcname	varchar	课程名称	40	Yes	
year	varchar	学年	10	Yes	
times	varchar	学时	2	Yes	
teacher	varchar	老师	8	Yes	
score	int	学分		Yes	
term	int	学期		Yes	
kclx	varchar	课程类型	10	Yes	
deparid	varchar	系别	30	Yes	

表 12.7   课程表

字 段 名 称	字 段 类 型	字 段 说 明	长 度	是 否 为 空	备 注
kcid	varchar	课程代码	2	No	主键
kxh	varchar	课序号	14	Yes	
kcbh	int	课程编号		Yes	
kcday	int	上课时间天		Yes	
kcjie	int	上课时间节		Yes	
kcaddress	varchar	上课地点	20	Yes	

表 12.8   成绩表

字 段 名 称	字 段 类 型	字 段 说 明	长 度	是 否 为 空	备 注
cjid	int	编号		No	主键
studentid	varchar	学号	14	Yes	
kcid	varchar	课程代码	2	Yes	
cj	int	成绩		Yes	
kscs	varchar	考试次数	8	Yes	
isbx	varchar	是否补修	2	Yes	
isck	varchar	是否重考	2	Yes	
isqdcj	varchar	是否确定	2	Yes	

表 12.9   选课表

字 段 名 称	字 段 类 型	字 段 说 明	长 度	是 否 为 空	备 注
kxh	varchar	课序号	14	No	主键
kcid	varchar	课程代码	2	Yes	
studentid	varchar	学号	14	Yes	

表 12.10   系别表

字 段 名 称	字 段 类 型	字 段 说 明	长 度	是 否 为 空	备 注
deparid	varchar	系别	2	No	主键
deparname	varchar	系别名称	50	Yes	

表 12.11   用户表

字 段 名 称	字 段 类 型	字 段 说 明	长 度	是 否 为 空	备 注
username	varchar	用户名	20	No	主键
password	varchar	密码	20	No	主键
name	varchar	姓名	20	No	
qx	varchar	权限	15	No	

任务十三　系统相关功能开发

当前任务描述了 9 个功能的实现，掌握不同前台开发语言的学习者可根据功能实现的结构完成。

1. 系统主界面的实现

本模块是本系统的应用界面，如图 13.1 所示。在本界面上集成了本系统的所有功能，共有 4 个功能菜单和 9 个子菜单（功能模块），共有 9 个按钮，实现了本系统从班级信息维护、学生信息维护、课程信息维护、学生选课、课表查询、成绩录入等系统的具体功能，同时，在系统管理模块中可以完成对本系统的安全性管理。

2. 连接数据库参数界面的实现

本模块为系统设置对话框，提供连接数据库的各项参数，实现连接不同的服务器和不同的数据库。SQL Server 数据库须填入数据库服务器名称、数据库系统名称、数据库名称、用户账号及用户密码，如图 13.2 所示。

图 13.1　系统主界面

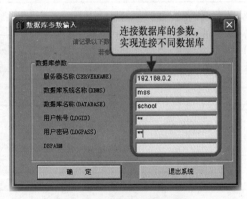

图 13.2　数据库参数配置

3. 登录界面的实现

用户要登录系统必须以合法的用户登录系统。所谓合法用户就是使用系统的每一个用户在系统中必须有一个用户名及口令。在教务管理系统中有两类用户：系统管理员和教师，他们在系统中各自有着不同的分工。系统管理员负责系统的日常维护和参数的设置，以及管理用户的权限；教师负责正常的教务工作操作和运行，如图 13.3 所示。

图 13.3　登录界面

4. 班级信息维护功能的实现

该功能是实现对学生基本信息的管理工作，包括查询学生、添加学生、修改学生信息、删除学生等，从而方便教务处对学校的基本情况的快速查询和了解，如图 13.4 所示。

5. 课程信息维护功能的实现

该功能是实现对课程信息的管理工作，包括：教师开设课程、修改课程、删除课程、学生查询课程，从而方便教务处对课程的安排和学生对课程的查询，如图 13.5 所示。

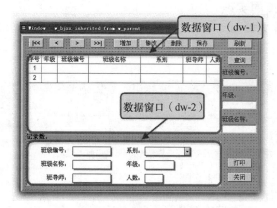

图 13.4　班级信息维护

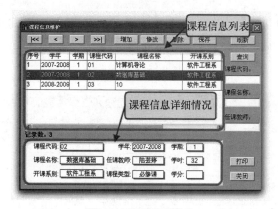

图 13.5　课程信息维护

6．用户管理模块的实现

系统管理员根据需要管理用户，添加用户或者修改用户的基本信息和权限，如图 13.6 所示。

7．修改密码模块的实现

系统管理员或者用户根据需要定期修改密码，确保安全性，如图 13.7 所示。

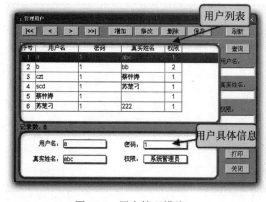

图 13.6　用户管理模块

图 13.7　修改密码

8. 通用打印窗口的实现

通用打印窗口用来设置和打印相关的参数，并启动打印作业，通过从参数传递过来的数据窗口，从而使多个窗口共用此打印窗口，如图 13.8 和图 13.9 所示。

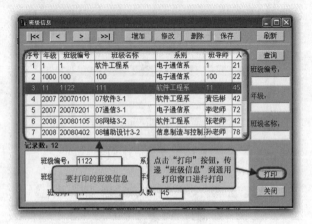

图 13.8　通用打印窗口

图 13.9　打印窗口

任务十四 基于教务管理系统的操作

到当前这一步，已经完成了整个系统的开发，不管前台的开发语言选择的是什么，能够实现本系统的前台设计即可，而且基于任务中给出的前台界面的模块设计，学习者可在此基础上完成，或者加入自己的想法进行改善，但基本模块的功能不变。接下来需要完成的工作是实现对系统的操作。本门课程是 SQL Server 数据库，所以根据一个学期对 SQL Server 数据库开发工具的学习，在综合训练的部分独立完成对该开发工具的使用和熟练。操作方法可以选择界面操作或 Transact-SQL 语句。

1. 约束、索引

（1）设置约束

根据图 12.1 给出的数据库表的结构，完成当前数据库中表的主键约束和外键约束的创建，保证数据库的实体完整性和参照完整性。

（2）创建索引

① 学生信息表按学号升序建立唯一索引。

② 课程信息表按课程编号升序建立唯一索引。

③ 选课表按学号升序和课程编号降序建立唯一索引。

④ 成绩表按成绩降序排列建立索引。

2. Transact-SQL 数据查询

① 查询选修 8 号课程并且成绩在 90 分以上的学生的相关信息。

② 查询不及格学生的相关信息。

③ 查询各个课程编号、任课教师及相应选课人数。

④ 查询与×××学生在同一个系学习的学生的相关信息。

⑤ 查询少数民族同学所在的班级名称。

⑥ 查询学号为××××××的同学的上课地点都在哪里。

3. 存储过程

创建两个存储过程"test_成绩提交"和"test_终止选课"，分别实现老师提交最终成绩单、结算选课和生成空白成绩单功能。参考代码：

```
CREATE PROC test_成绩提交  @COURSEID INT
AS
BEGIN TRAN
/提交成绩，提交后不能修改
UPDATE 成绩表 SET 是否已确定成绩='Y' WHERE 课程编号=@COURSEID INT
AND 成绩>0
COMMIT
GO
CREATE PROC test_终止选课
AS
BEGIN TRAN
/所有学生将不允许更改课程信息，如果需要更改，必须单独申请，特殊处理。
```

```
    INSERT INTO 成绩表(学号,课程编号,成绩,考试次数,是否补修,是否重考,是否确定) SELECT
DISTINCT A.学号, B.课程编号, 0, 1,'N', 'N', 'N'  FROM 选课表 AS  A, 课程表 AS B WHERE A.
课程代码=B.课程代码 AND RTRIM(A.学号)+RTRIM(B.课程编号) NOT IN(SELECT RTRIM(学号)+RTRIM(课
程编号) FROM 成绩表)
    --加入判断,如果成绩表已有该学号或成绩,就不插入,实际应用如果是重复的,就应该是
    --补修或重考的状态,应该更改已有信息的这些状态。
```

任务十五　系统测试与维护

程序完成后，不可能十全十美，一定存在很多的问题。为了找到程序中的不足就要进行测试。测试数据输入后，使用相应的功能，找出问题所在，再解决问题，在使用过程中进行不断完善。

系统的维护与管理贯穿着整个系统的生命周期，主要由系统的管理员来完成。这部分主要包括系统程序的维护、代码的维护、数据的备份与恢复、硬件系统的维护等。其中，对数据的维护扮演着重要的角色，并且要定期或不定期的对大部分数据进行备份和在必要时候恢复备份的数据，为了安全起见，一般情况下请不要删除数据和系统初始化。

总　　结

一个综合训练项目的开发需要团队的合作完成。项目组成员进行合理的任务分工和协作，在完成系统开发的同时，增强自身对开发工具使用的熟练程度、提高团队合作能力、增强系统开发的整体认识，巩固知识，提高自身的综合能力。

参 考 文 献

［1］杨章伟．精通 SQL 语言与数据库管理［M］．北京：人民邮电出版社，2008．

［2］李雁翎．数据库技术及应用——SQL Server［M］．北京：高等教育出版社，2010．

［3］王恩波．网络数据库实用教程——SQL Server 2000［M］．北京：高等教育出版社，2008．

［4］施伯乐，丁宝康，汪卫．数据库系统教程［M］．北京：高等教育出版社，2008．

［5］张蒲生．SQL Server 数据库应用技术［M］．北京：清华大学出版社，2008．

［6］文龙，张自辉，胡开胜．SQL Server2005 入门与提高［M］．北京：清华大学出版社，2008．

［7］冯建华．数据库系统设计与管理［M］．北京：清华大学出版社，2007．

［8］李红．数据库原理与应用［M］．北京：高等教育出版社，2007．

［9］耿文兰．SQL Server 2000 数据库管理与开发［M］．北京：电子工业出版社，2007．

［10］朱如龙．SQL Server 数据库应用系统开发技术［M］．北京：机械工业出版社，2007．

［11］李德有，彭德林等．SQL Server 数据库应用与开发［M］．北京：中国水利水电出版社，2007．

［12］岳国英等．SQL Server 2000 数据库技术实用教程［M］．北京：中国电力出版社，2007．

［13］杨学全．SQL Server 2000 实例教程［M］．北京：电子工业出版社，2006．

［14］李春葆，曾慧．SQL Server 2000 应用系统开发教程［M］．北京：清华大学出版社，2006．

［15］郑阿奇．SQL Server 教程［M］．北京：清华大学出版社，2006．

［16］徐国智，汪孝宜．SQL Server 数据库开发实例精粹［M］．北京：电子工业出版社，2006．

［17］赵增敏．SQL Server 2000 案例教程［M］．北京：电子工业出版社，2005．

［18］何文华，李萍．SQL Server 2000 应用开发教程［M］．北京：电子工业出版社，2004．

［19］［美］ Lance Mor tensn Rick Sa wtell Joseph L.Jord MCSE: SQL Server 2000 Design 学习指南［M］．邱仲潘，喻文中译．北京：电子工业出版社，2002．

［20］廖疆星，张艳钗，肖金秀．PowerBuilder8.0& SQL Server 2000 数据库系统管理与实现［M］．北京：冶金工业出版社，2002．

［21］飞思科技产品研发中心．SQL Server 高级管理与开发［M］．北京：电子工业出版社，2002．

［22］飞思科技产品研发中心．SQL Server 2000 系统管理［M］．北京：电子工业出版社，2001．

［23］李代平，章文．SQL Server 2000 数据库应用基础教程［M］．北京：冶金工业出版社，2001．

［24］闪四清．SQL Server 2000 系统管理指南［M］．北京：清华大学出版社，2001．

高等职业教育课改系列规划教材目录

书　名	书　号	定　价
高等职业教育课改系列规划教材（公共课类）		
大学生心理健康案例教程	978-7-115-20721-0	25.00 元
应用写作创意教程	978-7-115-23445-2	31.00 元
演讲与口才实训教材	978-7-115-24873-2	30.00 元
高等职业教育课改系列规划教材（经管类）		
电子商务基础与应用	978-7-115-20898-9	35.00 元
电子商务基础（第 3 版）	978-7-115-23224-3	36.00 元
网页设计与制作	978-7-115-21122-4	26.00 元
物流管理案例引导教程	978-7-115-20039-6	32.00 元
基础会计	978-7-115-20035-8	23.00 元
基础会计技能实训	978-7-115-20036-5	20.00 元
会计实务	978-7-115-21721-9	33.00 元
人力资源管理案例引导教程	978-7-115-20040-2	28.00 元
市场营销实践教程	978-7-115-20033-4	29.00 元
市场营销与策划	978-7-115-22174-9	31.00 元
商务谈判技巧	978-7-115-22333-3	23.00 元
现代推销实务	978-7-115-22406-4	23.00 元
公共关系实务	978-7-115-22312-8	20.00 元
市场调研	978-7-115-23471-1	20.00 元
推销实务	978-7-115-23898-6	20.00 元
物流设备使用与管理	978-7-115-23842-9	25.00 元
电子商务实践教程	978-7-115-23917-4	24.00 元
国际贸易实务	978-7-115-24801-5	24.00 元
网络营销实务	978-7-115-24917-3	29.00 元
经济法	978-7-115-24145-0	36.00 元
银行柜员基本技能实训	978-7-115-24267-9	34.00 元
商品学知识与实践教程	978-7-115-24838-1	31.00 元
电子商务网站设计与建设	978-7-115-25186-2	33.00 元

书　名	书　号	定　价
高等职业教育课改系列规划教材（计算机类）		
网络应用工程师实训教程	978-7-115-20034-1	32.00 元
计算机应用基础	978-7-115-20037-2	26.00 元
计算机应用基础上机指导与习题集	978-7-115-20038-9	16.00 元
C 语言程序设计项目教程	978-7-115-22386-9	29.00 元
C 语言程序设计上机指导与习题集	978-7-115-22385-2	19.00 元
计算机网络项目教程	978-7-115-25274-6	28.00 元
项目引领式 SQL Server 数据库教程	978-7-115-25711-6	28.00 元
高等职业教育课改系列规划教材（电子信息类）		
电路分析基础	978-7-115-22994-6	27.00 元
电子电路分析与调试	978-7-115-22412-5	32.00 元
电子电路分析与调试实践指导	978-7-115-22524-5	19.00 元
电子技术基本技能	978-7-115-20031-0	28.00 元
电子线路板设计与制作	978-7-115-21763-9	22.00 元
单片机应用系统设计与制作	978-7-115-21614-4	19.00 元
PLC 控制系统设计与调试	978-7-115-21730-1	29.00 元
微控制器及其应用	978-7-115-22505-4	31.00 元
电子电路分析与实践	978-7-115-22570-2	22.00 元
电子电路分析与实践指导	978-7-115-22662-4	16.00 元
电工电子专业英语（第 2 版）	978-7-115-22357-9	27.00 元
实用科技英语教程（第 2 版）	978-7-115-23754-5	25.00 元
电子元器件的识别和检测	978-7-115-23827-6	27.00 元
电子产品生产工艺与生产管理	978-7-115-23826-9	31.00 元
电子 CAD 综合实训	978-7-115-23910-5	21.00 元
电工技术实训	978-7-115-24081-1	27.00 元
手机通信系统与维修	978-7-115-24869-5	17.00 元
高等职业教育课改系列规划教材（动漫数字艺术类）		
游戏动画设计与制作	978-7-115-20778-4	38.00 元
游戏角色设计与制作	978-7-115-21982-4	46.00 元
游戏场景设计与制作	978-7-115-21887-2	39.00 元
影视动画后期特效制作	978-7-115-22198-8	37.00 元

书　名	书　号	定　价
高等职业教育课改系列规划教材（通信类）		
交换机（华为）安装、调试与维护	978-7-115-22223-7	38.00 元
交换机（华为）安装、调试与维护实践指导	978-7-115-22161-2	14.00 元
交换机（中兴）安装、调试与维护	978-7-115-22131-5	44.00 元
交换机（中兴）安装、调试与维护实践指导	978-7-115-22172-8	14.00 元
综合布线实训教程	978-7-115-22440-8	33.00 元
TD-SCDMA 系统组建、维护及管理	978-7-115-23760-8	33.00 元
光传输系统（中兴）组建、维护与管理	978-7-115-24043-9	44.00 元
光传输系统（中兴）组建、维护与管理实践指导	978-7-115-23976-1	18.00 元
光传输系统（华为）组建、维护与管理	978-7-115-24080-4	39.00 元
光传输系统（华为）组建、维护与管理实践指导	978-7-115-24653-0	14.00 元
网络系统集成实训	978-7-115-23926-6	29.00 元
高等职业教育课改系列规划教材（汽车类）		
汽车空调原理与检修	978-7-115-24457-4	18.00 元
汽车传动系统原理与检修	978-7-115-24607-3	28.00 元
汽车电气设备原理与检修	978-7-115-24606-6	27.00 元
汽车动力系统原理与检修（上册）	978-7-115-24613-4	21.00 元
汽车动力系统原理与检修（下册）	978-7-115-24620-2	20.00 元
高等职业教育课改系列规划教材（机电类）		
钳工技能实训（第 2 版）	978-7-115-22700-3	18.00 元

　　如果您对"世纪英才"系列教材有什么好的意见和建议，可以在"世纪英才图书网"（http://www.ycbook.com.cn）上"资源下载"栏目中下载"读者信息反馈表"，发邮件至wuhan@ptpress.com.cn。谢谢您对"世纪英才"品牌职业教育教材的关注与支持！